全国高等教育服装服饰教学创新丛书

现代箱包设计

Design of Modern Bags & Cases

● 李雪梅 编著

西南师范大学出版社

序

大凡一门学科，教材是十分重要的，这是毋庸置疑的。

教材通常也是一门学科成熟的标志之一。对于中国服装教育这一相对年轻的学科而言，写好、编好服装教材不仅是教学发展之必需，同样也将我们几十年来的教学思考、教学经验、教学成果沉淀下来，固化下来。但这不是编撰教材的唯一目的。

其实，教材难写，教材难编，是不言而喻的。

古往今来有口皆碑的好论著、好小说比比皆是，但被人称道的好教材颇稀。原因很简单：难！

因为教材是人类文明的结晶；教材是体现教学内容和教学方法的知识载体；教材应该是客观、公正、科学并能循序渐进地传授知识、思想和技艺的工具书。也就是说，教材编撰必须根据学科的教学逻辑，依照教学的规律和学生的认知基础，从而对学科内容进行设计、规划、系统地奉献当前该领域的优秀成果。教材不应有谬误、不凿、偏颇的内容，其本质不是个人专著，而应该是积学科研究之大成的普及版本。此是难写之一。

难写之二，编撰教材的目的除了系统传授前人知识之外，十分重要的是要运用知识启迪学生，启发学生的思维，呼唤学生的想象，培养学生的创新能力。这往往是教材编写的难点与悖论，既要进行知识的传承，又要培养学生对过往知识的挑战和批判，无疑这是具有高难度的，但这是教学的必须，也是教材所必须。若教材在传授经验的同时，使学生能从中获取启迪，唤醒创意，其意义更大。事实也是如此，年轻人永远不可能满足固有的知识，当他们的圆珠笔在教材上涂涂画画的时候，未必不是其创新想象的懵懂萌芽。

其三，通常而言，教材的编撰与学科发展并非同步，所以教材不能不更新。中国的服装高等教育不足三十年，亦是摸着石头过河，其教材建设同样是亦步亦趋地摸着石头走来。目前，服装类教材林林总总，数量不可谓不多，但必须承认，其中良莠不齐，喜忧参半。而今在全球经济一体、知识信息爆炸、传播媒体多元、创新经济崛起的今天，作为世界时尚产业的教育不能不有新思维，新方法，新触角、新教材。这就是催生该套《中国高等教育服装服饰教学创新丛书》教材的缘由。

该套教材旨在对现有服装教学的传统教材或教学课目的扩展、补充和新思维的探究，也可以说是深化教育改革，全面推进素质教育，培养创新人才的新一轮教材建设。

该套教材丛书将过往服装教育内容延展到新的服装、服饰品类、时尚、史论领域……诸如针织类服装设计、首饰类饰物设计、箱包类配饰设计、时尚传播理论等等。新教材可以弥补当代服装服饰产业迅速发展中对新领域知识的需求，教材可以成为方兴未艾的服装教育新课程之新教材。

该丛书在编撰过程中，力求融会国内外相关研究成果，体现现代教育理念与方法，令教材具有应有的前瞻性、先进性、科学性和通识性。重要的是，该教材立足于开拓学生思维，培养学生创新能力。在内容上拓展知识信息，在案例教学里探索新教学方法或模式。虽然该套教材涉及的课目各个不同，但寻求服装教学创新思想与创新方法的目标是共同的。

中国服装教育的教材建设漫漫路长，任重道远……我们试图以创新的思维编撰这套教材，但并不奢望它的完美登场。我们相信探索始终是有益的，或许像学者E.H.贡布里希说的那样："最宝贵的是：人们只能从试错中寻求真理。"

该套教材正是我们为中国的服装教材建设添砖加瓦、抛砖引玉……

2009年春于南国香山澳

● **中国高等教育服装服饰教学创新丛书学术顾问委员会**

● 北京服装学院　　袁仄　教授
● 东华大学服装学院　　陈建辉　教授
● 中国美术学院设计艺术学院　　吴海燕　教授
● 深圳大学艺术设计学院　　吴洪　教授
● 清华大学美术学院　　肖文陵　副教授
● 苏州大学艺术学院　　李超德　教授
● 四川美术学院设计艺术学院　　余强　教授
● 江南大学纺织服装学院　　沈雷　教授
● 西安工程大学艺术工程学院　　徐青青　教授

前言

当前的中国箱包产业面临着与服装相似的发展困境,甚至更甚,产业规模庞大而内在实力却极其脆弱。在国内外的箱包市场和时尚领域中,闪光耀眼的基本上都是国外的各档品牌,几乎没有一个可以与之抗衡的纯本土品牌,究其原因,如果仅从设计的角度来分析,缺乏不断更新的、自主的创新能力应该是一个主要的因素。导致创造性思维障碍的主要因素有眼界的局限、惯性的思维、固执的见解以及片面的看法。而对当前中国箱包设计行业来说,还存在极度的不自信和功利的经营心态。这就使得设计师们轻视自己的心灵感悟,放弃了自主的创造性思维和活动,而盲目地跟从国外的流行设计。以至于模仿得越像,就越失去自己的艺术特点和品牌价值。虽然获得了一些眼前的利益,但是却逐步丧失了创新的勇气、能力和机会。

当然,品牌的成功离不开现代化的管理和市场运作,这也是限制中国本土品牌发展的一个重要因素。但是这并不能取代设计的作用,也不能因此就要求设计完全顺从市场的导向。因为只有设计师创造性的艺术才华才能赋予品牌魅力和个性,两者谁也不能代替谁。这一点从国外知名品牌的成功历程中都可体会到。因此,要以自己的眼光来观察世界和获取灵感,对创新意识要有不懈追求的精神和勇气。只有在任何时候都重视个人创意的环境之下,才能产生真正有价值和意义的作品和品牌。

针对这种状况,大力提升我们的设计教育水平,培养出大批优秀的专业设计人才是非常必要而紧迫的。目前,国内在箱包设计教学方面的发展也在不断加速,既有大量的职业技术培训机构、中专技校,也有高等艺术设计专业的设置。但是,在教学思想和培养目标上还是以技术性为主,片面地强调为企业输送实用性人才的现实性,而没有建立起更高的培养目标和教学理念。而且,缺少在艺术修养和设计创新思维、能力等方面的课程设置,以及更为开阔和灵活的教学内容,系统化的设计类教材也非常缺少。因此,本书的写作目的主要针对此种专业设计教育的现状,希望能够以此为箱包设计教学的提升做一点努力。其最终的目的,就是能够培养出具有较高艺术素养、掌握现代设计知识和技能、个性鲜明、自信独立、勇于创新的专业设计人才。

本书首先对现代箱包产品的特征做了较为详细的论述,并在其中广泛深入到人类社会的文化艺术、历史发展、时代背景等相关领域中,以便展现出现代箱包全面而立体的面貌,这是树立正确的现代化设计观的基点。之后,通过较为系统化的教学思路和课程安排,将箱包设计的理论知识和实际能力等都逐一涉及,并辅助于一些实训主题、设计实例来增加理解和感悟。在最后则是本书的一个亮点和重点,即对于创新性思维的训练环节。通过分析和阐述优秀的箱包作品的灵感来源和设计理念,来开拓胸怀和思维,找到创新的途径和方法,挖掘自己的创造潜力。并且全文中还穿插了很多相关的知识链接、品牌和设计师的简介,力求呈现出更加丰富而广博的内容。

当前中国的箱包产业正处于发展转折期的阶段,这对于箱包设计师来说,既是艰难的困境,又是潜在的发展机遇。因此,必须要坚定自己的创作信心,不要简单地对待和跟风,也不要在面对市场时恐慌地、功利地、矛盾地看待问题和处理问题,而要坚持用自己的原创精神来展现出与众不同的艺术创造空间。其实分析国外的箱包设计作品就会发现,他们的思路也是非常灵活和随意的,可能与设计师个人的喜好、经历、偶然的发现,甚至是情绪等等因素有关;可能完全是原创,也可能受到其他事物的启发。而这些创造性的心理活动和表达能力每一个人都是具备的,也都有着独一无二的价值。因此,我们不必要过于崇拜他们,只要学习和借鉴即可。

目录

总序
前言

第一章 现代箱包设计的时代性特征

第一节 现代箱包设计与人类活动……1
一、功能性是推动现代箱包设计发展的核心……1
二、在不断创新中完善的现代箱包体系……4
三、现代箱包设计与消费文化……5

第二节 现代箱包设计与艺术设计……7
一、现代艺术设计思潮推动箱包设计……7
二、当代艺术设计对箱包设计的影响……9

第三节 现代箱包设计与时尚……10
一、从潮流之外到顺应潮流的转变……10
二、箱包设计成为现代时尚产业的先锋……11
三、现代箱包设计的流行趋势发布……12

思考题……14

第二章 现代箱包设计的艺术形式

第一节 现代箱包的艺术形式……15
一、艺术形式的重要意义……15
二、奢侈品牌与大众品牌在艺术形式上的差异……17
三、设计师个人风格与品牌艺术形式……19

第二节 大众箱包品牌的艺术形式……21
一、大众品牌的典型风格形式……21
二、大众风格形式的发展趋势……23

第三节 箱包奢侈品牌艺术形式……24
一、箱包奢侈品的象征性意义……24
二、奢侈品牌的典型风格形式……25

思考题……28

第三章 现代箱包设计的基本技能

第一节 图面表现技法……29
一、草图记录……29
二、效果图和工艺图……31
三、沟通和语言……32
主题设计训练……33

第二节 实践制作技能……35
一、空间造型能力……35
二、制作工艺技能……36
主题设计训练……38

第三节 形成设计理念的方法……41
一、获得设计灵感……41
二、形成设计理念……42
主题设计训练……44
设计练习……45

第四章 现代箱包设计元素的运用

第一节 造型设计……46
一、外轮廓型……46
二、体积感……48
三、包体的软硬程度……49

第二节 结构设计……50
一、基本结构……50
二、工艺结构……53
三、结构的创新和变化……53
主题设计训练……55
其他学生的设计图……56

第三节 材料设计……56
一、材质的表现性能……56
二、从材质开始的设计……60
三、材质与风格创造……62
主题设计训练……63

第四节 色彩设计……64
一、色彩风格的体现……64
二、基本配色方法……67
主题设计训练……70

第五节 零部件和装饰……71
一、零部件的设计形式……71
二、装饰细节的设计形式……75
三、局部与整体的关系……77
主题设计训练……78
思考题……79

第五章 创意性的设计理念

第一节 日常的发现与创意……80
一、建筑和产品的造型……80
二、社会热点的启示……82
三、功用性的追求……83
设计实例……84

第二节 风情的体验和激发……85
一、对自然生态的模仿和抽象……85
二、来源于旅行的新奇……86
设计实例……88

第三节 奢华的美梦与想象……88
一、民族技艺和文化……88
二、对艺术品的审美体验……90
三、对服装的欣赏和借鉴……92
设计实例……93

第四节 复古的演绎与颠覆……94
一、对怀旧情怀的叙述……94
二、对经典的解构和诠释……95
三、对经典的颠覆和重建……95
设计实例……97

第五节 年轻的摩登与反叛……98
一、幽默的、卡通的……98
二、带点不完美……101
三、挑战平凡和规范……102
设计实例……104
思考题……105

后记……105

第一章
现代箱包设计的时代性特征

第一节 现代箱包设计与人类活动

一、功能性是推动现代箱包设计发展的核心

功能性是人类造物的一个根本性目的，这一点是毋庸置疑的。但是对于现代箱包来说，却是需要特别强调功能性对其发展的极大推动作用的。因为没有现代社会对其实用功能的巨大需求，就没有箱包壮大发展的可能性。在现代社会中，箱包逐步显示出了不可替代的功能性，不仅成就了其独立发展的服饰地位，也极大地拓展和丰富了箱包的造型和款式。所以，功能性对于现代箱包设计来说，是一个必须着重去理解的设计核心要素。

古代社会，由于人们的外出活动少，生活方式简单，箱包的功能和品种也很单一贫乏，主要就是悬挂在腰间的小袋子，或者是远行时笨重的木箱。（图1-1）所以箱包一直几乎不被重视，不仅演变缓慢，而且在一些时期还会消失。比如从欧洲16世纪的文艺复兴时期开始，男性的服装上缝制了口袋，随身携带的小物品都可以放在衣服的口袋里。直到进入现代社会之前，西方的男性在日常生活中基本上不再用什么包袋，而女性穿着像倒扣的大钟一样的裙撑，也不方便挂着小钱包。在18世纪路易十五时代的欧洲，小袋子更是被隐藏在宽大的裙撑里面，手可以从左右两个口袋缝伸入里面取放物品。这种巧妙的设计就是女装上最早的插袋形式。由此可见，由于箱包自身的功能性不强，所以它的装饰性和独立性也较弱，服装的变化对于它的存在和演变具有很大的决定性作用。（图1-2、图1-3）

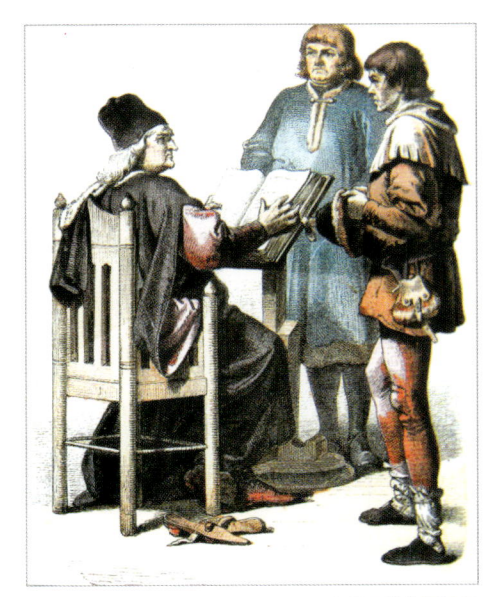

图1-1 15世纪腰间系着小袋子的德国男子

图1-2 女性隐藏在裙子里面的小袋子。

图1-3 中国唐代官员佩戴的鱼袋或鞶囊

图1-5 1568年，德国制作小包袋的工坊

图1-4 15世纪荷兰的红色天鹅绒小袋

[链接]
古代欧洲人佩戴的"时装小包"

中世纪的10世纪，在男女外衣的腰带上都会经常挂一个小包，被称为奥莫尼厄（Aumoniere）。由于其造型和装饰都华丽精美，遂成为一种人人喜爱的饰物。用丝绒缝制，镶上珠宝珐琅或用金线刺绣，用长长的金属链悬挂在腰带上，颇为服装增色，并显示了主人的富有。（图1-4、图1-5）

西方进入近代社会后，借助工业革命带来的科技力量，生产力水平有了显著而迅猛的提高，人们的生活方式和活动内容逐渐变得丰富起来，更多人积极参与到工作、运动、休闲、购物、社交、郊游、娱乐、旅行、探险等这些活动中。这些活动有各种目的和进行方式，需要外出或远行，还需要携带各种物品，这就不得不用到箱包。于是大量新款型的箱包不断地被创造出来。我们现在使用的很多款型的箱包都源自于这种对功能性满足的设计基础上，并仍然保持着最初的造型特征。如路易·威登1932年推出的抽带包（Noe包），我们也称马桶包或水桶包（图1-6）。最初的设计目的是为贵族们在旅行中装香槟酒的，所以设计成了袋口较大的索带形式，具有宽大的内部空间和灵活的取放特点。而之后，由于它的这些便利性，逐步演绎成运动背包的形式，如网球包、沙滩包等最早都是抽带的形式。今天在一些运动休闲产品中也常常出现。（图1-7）

图1-6 路易·威登2001年的Noe包款

图1-7 1882年法国女性外出时携带的中型提包 　　图1-8 1913~1914年携带信封式手包的比利时女性 　　图1-9 1920年法国女性服饰杂志刊登的服饰插图

在这个变化过程中，尤其需要强调的是女性对于现代箱包发展的推动作用。工业革命不仅提高了生产力水平，也带来了文明的曙光。女性的独立性和社会地位提高了，她们逐渐从家庭中被解放出来，第一次和男性一样开始参加一些社会活动和享有一些权益。尽管这种演变是缓慢的，但是也是可喜的。19世纪后期到20世纪初，欧洲妇女手里经常拿的物品还是以传统的雨伞、扇子为主，20世纪20年代前后开始，妇女手中除了手袋几乎已不再拿其他任何东西了，这无疑是一个很重要的现象。(图1-8、图1-9)这首先说明了女性开始投入到更加有意义和丰富多彩的现代社会生活中，她们成为使用和推动箱包演变的主流；其次，标志着箱包已确立了自身的独立地位，具有全新的、不可替代的实际作用和服饰意义。现代意义的箱包开始出现在人类的时尚舞台上。

[链接]
19世纪中期真皮"手包"诞生

"手包"这个词从19世纪中期的欧洲开始出现，通常是指有金属框架或木框架的真皮包。这种手包最早是由马具店的皮革工人制造的，主要是为了旅行中随身携带。之所以叫做"手包"，是为了有别于其他旅行包。它们的制造和款式很大程度上取决于皮革染色和加工技术的进步和发展。随着皮包的大量使用，更多款式的包被称为手包，而不只限于旅行时用的包。(图1-10)

图1-10 1870年英国制造的皮革旅行手包

图1-11 1912~1913年欧洲女性外出携带的旅行箱

图1-12 1967年荷兰某皮具公司的广告宣传画

二、在不断创新中完善的现代箱包体系

整个20世纪都是现代箱包不断发展和完善的时期。随着人类活动内容、方式和范围的扩展更新，箱包的产品品种和设计形式不断创新，逐渐形成了完善的体系。尤其是在20世纪30至60年代，箱包的发展演变都是充满新意的创造性过程，种类款式急剧增加，构建起基本的产品框架：钱包、硬币夹（包）；晚宴包；白天用的时尚大皮包，夹在腋下或抓在手里的信封式手包；午后用的较为正式的小拎包；工作场合使用的公文包；休闲时用的大购物袋；游泳时用的沙滩包，参加体育比赛时用的运动背包；实际耐用的长背带肩包；旅行用的各种尺寸的软、硬箱及手提包等等。今天我们所用箱包的种类款式，几乎都已经在这个时期出现了，并且箱包的尺寸、造型特征、装饰细节等等，也逐渐形成基本定式。社会生活的各项内容和所处场合，就成了箱包实用功能的划分依据。而这种按功能划分类型的方法，以及当时所用的名称也一直沿用至今。(图1-11、图1-12)

根据不同的使用场所和功能需求，主要分为"箱"和"包"两个大的功能取向。"箱"主要针对远途旅行或特殊功用，注重对内部物品的保护性。旅行用的多为大、中型尺寸，采用硬质材料制作，或以其作为框架来配合坚实耐磨的面料。现代的箱体更加轻巧耐用，方便了人们的旅途需求，而且它的

审美性能也被重视了。"包"为日常工作及生活场合用的各类中小型软质包袋，如我们所指的手提包、手袋、手包、背包等。其功能齐全，品种丰富，款式多变。设计观念也从20世纪初期只注重包本身的装饰性效果逐步转变为更关注结构性，以及与整体形象的搭配性。这两种产品取向就奠定了现代箱包的发展基础和格局，以及在设计思想上的倾向性。

在人类历史进程中，物质文明的提高必定带动精神文明的进步，使人类对自然、自身的认识观念有了质的变化。生活方式的更新促使与人类关系最密切的衣着服饰的更新换代。不适合的被淘汰，适合的则以崭新的形象来满足人们的需求。箱包就是适合20世纪这个全新时代的用品。时代的需求和箱包自身的特性是如此合拍，先是实用性能，然后是审美性能都得到了极大的发挥应用和深化丰富，以至于终于使其大放光彩。

三、现代箱包设计与消费文化

20世纪60年代以后，箱包的发展进入了更加多样化的时代。随着箱包行业规模的扩大发展，产品结构的分化更明确。在缤纷多姿的社会生活的驱动下，人们对于箱包的功能性满足也有了更深入和细致的要求。在当代社会中，要把握正确的设计方向，就必须了解设计与当代消费文化的关系。

当代社会已经进入了一个消费性阶段，产品极大丰富，供大于求，人们的需求层次日益提升，形成了一种现代社会所特有的"消费文化"，其重要特征就是商品、产品和体验可供人们消费、维持、规划和梦想。人们对于某种商品的消费不仅仅是为了得到物质功用的实现，而且是为了拥有这种商品后得到一种心理上的满足和自我表现。比如，购买某种名牌服装，通过在别人面前的展示而传达出一种信息：我是属于某个阶层的，我具有某种独特的生活方式和品位。在信息得到成功的传达后，购买者就会产生一种满足和愉悦的感觉，并觉得物有所值。

"文化"和"消费"这两个过去毫不相干的词在当代社会亲密地联系在一起了。比如我们常听到的"服饰文化"、"饮食文化"等等。而"生活方式"、"生活品位"、"风格"、"个性"这些词也是在各种产品广告、媒体、影像中经常被灌输的词汇。久而久之，这些词汇和它们所指示的含义，就成为一种文化，沉淀在每个人的意识中，使每个人都成为一个潜在的消费者。这种消费手段的作用比起只着眼于物品本身的手段要有效得多。而"文化"又是不固定的，不断重复再生产的，需要消费者不断去关注、更新。表现在服装服饰上，就是时尚的周期流行，以及企业所宣扬的品牌文化，通过流行周期的概念扩大了人的消费欲。所谓由流行到过时就是商品走向精神上的废物化的过程，也就是说，伴随新的设计的不断产生，人们会有意地淘汰旧有的商品，即使它们在物理上还是有效的。（图1-13、图1-14）

图1-13 2009年春夏普拉达（Prada）奢华神秘的宣传形象

图1-14 2009年春夏寇驰（COACH）轻快明媚的宣传形象

因此，对于当代设计的含义要重新去理解。设计师的设计行为也不仅仅是创造出美观的实体，要深谙消费文化在当代社会的作用，认识各种消费层次的心理需求，了解产品内在文化含义与外在形式之间的转换关系。某种抽象的概念通过设计师完美的演绎，用恰当的色彩、造型、功能等组合起来，形成了设计者和消费者心中共同的理想产品——包含物质和梦幻双重性。20世纪70年代之前如果提到一个服饰牌子，消费者脑子里就会出现某个具体的设计或产品；而今天我们再提到一个品牌，则会用一些抽象的词语来表述一种感觉和风格，像高贵、豪华、性感、简约、前卫、中性、优雅等等。对于消费者来说，购买和携带哪一个品牌的产品已经成为判定你是哪一种类型人的标准。

[品牌介绍]
现代箱包设计哲学的象征——LOUIS VUITTON品牌发展的"旅行哲学"

提到旅行箱包，就不能不提到"LOUIS VUITTON"（路易·威登）这个世界上最著名的箱包品牌。甚至可以说，现代旅行箱包就是建立在"LOUIS VUITTON"（路易·威登）于1854年设计的第一只旅行箱上——能在刚问世不久的火车和轮船里叠放的扁平箱子。箱盖扁平的箱子可以一个个叠放起来，而之前的箱子的箱盖都是圆弧形的、用皮革制作的。路易·威登将箱子改成白杨木框架和覆盖灰色的帆布，更轻便、更防水，并且内部设计了很多方便盛放各种饰物的小部件。路易·威登对传统旅行箱的革新，在当时是时髦大胆之举，与火车运输业和航海业新兴的时代背景相呼应。在接下来的几十年间，箱包的一系列创新在旅行箱的发展史上出现，其中有很多款型是现代箱包的鼻祖。1959年，用一种石油化工产品涂覆在棉帆布表面，既轻便又耐用，不怕旅途中碰伤。经过一百多年来的发展，品牌已经成为了旅行用品精致的象征，标注着古老又永恒的设计理念，既秉承经典，又融入每个时代，最终形成了精致、品质、舒适的"旅行哲学"。

今天我们在看到路易·威登的时候，总是关注它那些奢华的形式、华丽的气质和精湛的制作工艺。但在回顾它的创立和发展历程后，就会发现品牌真正的价值是能时刻关注社会的变革和潜在的需求，为人们创造出最适用产品的设计思想和理念。仅仅依靠外表和工艺的昂贵是不可能成就一个顶级品牌的。（图1-15）

图1-15 1854年路易·威登的灰色帆布箱子

图1-16 1930年英国用铬合金装饰的皮革手包

第二节 现代箱包设计与艺术设计

现代设计以服务于人为目的，既切合实际的使用功能又很重视产品的外观，因此将其称为艺术设计也不为过。正是这样的设计促进了现代人类文明的发展。箱包也正是借此在20世纪蜕变成一个完全崭新的新形象。可以说，现代艺术设计理念使箱包在生活实用功能和艺术审美功能两个方面第一次实现了完美的平衡，上升为承载人们精神文化的载体。在20世纪一波又一波的艺术思潮和设计运动的影响下，设计师们创造出了许多经典的箱包形象，也为我们今天的设计提供了丰富的灵感源泉。

一、现代艺术设计思潮推动箱包设计

19世纪末到20世纪初期发生的新艺术运动和装饰艺术运动，是从传统设计转向现代设计的两个重要的承上启下的阶段，创造出一些手工艺和工业化时期相互交接的特殊风格和形式特点，如简单的几何外形和细部装饰的有机结合。当时的箱包造型受其影响，也出现很多几何外形的设计，如手包、烟盒、粉盒等等，流行一种非常扁平的、外形简单的长方形造型，并且在锁扣、提手等处采用几何纹样来装饰。(图1-16、图1-17)这个时期在审美风格上还受到了东方传统艺术的影响，对于东方的艺术和文化吸收更为广泛。箱包设计也喜爱采用东方特点的材料，如用色彩和纹样繁杂的阿拉伯地毯制成的手包，或用富有东方情调的刺绣品、锦缎等制成的手包，都是当时非常流行的款式，还有对于东方传统图案和人文景观的借鉴，如珠绣和刺绣盛行中国风景、象形文字、大象、埃及纹样、挂毯图案和小花边图形等等，表现出一种东方情调。(图1-18)

图1-17 1930年法国铝质手包

图1-18 1920年欧洲织锦缎手包（框架口为仿象牙）

图1-19 1940年鳄鱼皮手袋

图1-20 1930年夏伯瑞莉为职业女性设计的结构巧妙的手袋

现代主义设计运动的开始是以1919年德国的包豪斯艺术设计学院建立为标志的，它主导了整个20世纪的设计界。其主要特点是理性主义和客观精神，"形式服从功能"是它的关键核心所在，是与传统设计完全不同的、理性的、有秩序的现代设计方式。20世纪初的女用手提包最初还体现着奢华的社会风气，更像是无实际用途的工艺品或装饰品。而随着社会文明的进步，女性在工作和各种社会活动、体育运动中找到了新的生活目标，重新认识了自己的价值，已经不再需要靠华丽的装饰炫耀自己的存在了。因此，在这种社会背景下，现代主义的设计思想一经产生，就立刻主导了箱包的设计，使其逐渐从奢华繁复的装饰风格转向了成熟、简洁、雅致的现代风格。即使是昂贵的皮革材料和奢华的晚用手包在外观装饰上也低调了很多。"这时的制包趋势是强调其结构而非装饰。事实上，设计的重点已从重视手包的细节和装饰转变为突出材料本身的构造和质地，无论它是鳄鱼皮、蛇皮还是鸵鸟皮。"（图1-19）通过强调结构而获得良好的功能性，通过突出材料本身的质地而产生独特的设计美感，在整个20世纪，这种观念都是箱包设计的主导思想。

这时期，涌现了很多专业的箱包设计师和生产企业，并且很多服装设计师也涉足箱包设计，他们都从各自独特的审美观和艺术个性出发，为现代箱包的设计创造出众多经典之作。

[设计师介绍]

最早的超现实主义箱包设计师——埃尔莎·夏伯瑞莉

1936年超现实主义逐渐取代了装饰艺术而影响服装界。在手提包的设计上，以意大利服装设计师埃尔莎·夏伯瑞莉（Elsa Schiaparelli）最有代表性。埃尔莎·夏伯瑞莉是20世纪30年代最具影响力的服装设计者和品牌之一，以戏剧化和诙谐的特点而著名。她的女式手提包设计和她的服装设计一样，作品充满了艺术气息和超凡的想象力。如从30年代开始革命性地运用人造材料、

图 1-21 埃尔莎·夏伯瑞莉（Elsa Schiaparelli）

图 1-22 夏伯瑞莉设计的面料上印有报纸图案的手提包

橡胶布、玻璃纸、塑料，并创造性地运用其他材料；形似鸟笼的手包以及透明玻璃纸手包，像花盆、蜗牛、热气球造型的包。她还以"音乐"、"异教徒/森林"为主题进行系列化的手提包设计。她运用前卫的、充满智慧和想象力的艺术化手法，使一直以来在人们眼中不过是一件实用物品的手提包具有艺术的美感和气息，开拓了设计师和使用者的眼界和思维。（图1-20～图1-22）

二、当代艺术设计对箱包设计的影响

当代艺术设计思潮中影响力最为广泛的就是后现代主义。它追求更加富有人情味的、装饰的、变化的、个性的表现形式，是对于现代主义的一种反思。后现代主义对于设计界中的服装设计的影响表现得最为突出。20世纪70年代开始，以上流社会时装为主导的时尚文化地位得到了极大的震撼。年轻人的、街头大众的真实生活得到了重视，平民的创意也可以搬上T台来影响全球的时尚趋势，涌现出了多种千奇百怪的箱包款式。当时年轻人不会去选择一款做工精致的、古典风格的优质挎包，而更喜欢携带一些看似设计随意、搭配奇怪的廉价箱包。一定要拥有一只"好包"的保守观念变得不再重要了，年轻人的流行时尚成为一股新兴风尚。如拼缝式的设计，用斜纹粗布拼接的，用毛皮同翻皮、光皮和絮料拼接的，或者用不同颜色皮革拼接的；还有民族式样的包袋，扎染、刺绣、编织或钩编的斜挎的大软包；还流行背挎弹药筒、照相机盒、邮件袋帆布包等等。（图1-23）各种民族的、历史的、次文化的、边缘文化的风格被吸纳兼容，传统意义上"丑"的事物都进入了时尚领域，形成了更为多样化的形式，以满足大众市场的需求。如20世纪中后期陆续出现的乡村风貌、民族风格、乞丐风格、中性风格、朋克和嬉皮风格等等服装、服饰形象。设计师的个性和创造力得到了极大的发挥空间，形成了一个空前丰富和繁华的时尚市场。

图 1-23 20 世纪 70 年代意大利制造的民族风格小肩包

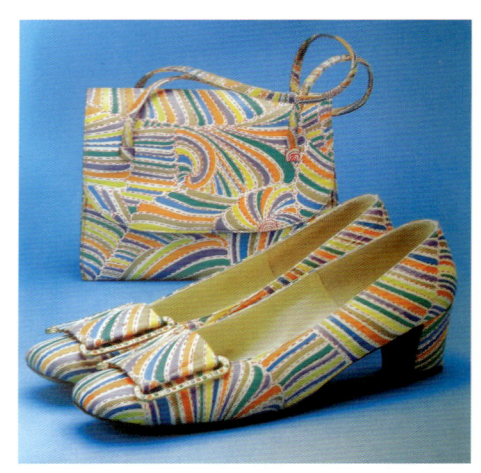

图1-24 1960年美国配套设计的包和鞋

图1-25 嬉皮士的装扮形象

[链接]
20世纪60年代末期"嬉皮士"服饰设计风格

20世纪60年代末期的嬉皮士运动在设计观念上的表现是提倡再循环技术、模仿自然形式。如学习诸如纺织和制鞋的工匠技巧，自己动手制作生活物品等。这种观念的提出是源于消费文化和工业对社会资源的过度消耗已经开始显现。尽管这些观念有思想的局限性，但是却成功地为70年代极为重要的生态保护和绿色协议埋下伏笔。

嬉皮士的设计风格相当独特，其标志是即兴作品、质地革新、自由形式构成以及浮动形体等，很多是从新艺术的强烈性感塑像中取来的。当时诞生了很多知名的摇滚乐队，成为嬉皮士文化的代表。他们从毒品中寻求解放，并希望以此导致社会变革，并用以探索潜意识和解放想象力。利用刺激感官的绿色、粉红色和黄色的荧光阴影，召唤一个致幻"旅程"的图景。在服装、形象上也风格鲜明。都留着长发，男人蓄胡子，女人几乎不化妆，穿着拖鞋（或者赤脚），发间别着花朵。穿着俗艳花哨，喜欢从跳蚤市场买来的二手货，从印度和远东进口的民族服装。层叠多色服饰，颜色图案十分鲜艳，尤其喜爱运用花朵来表达和平的理想。自己动手扎染成渐变色，松身大领衬衫，迷你衫裙，贴腰的喇叭裤、破洞、流苏、宽腰带，东方及非洲民族手工刺绣，木珠玉石绳索首饰，可洗涤的长肩带布袋等等。当代的设计师们频繁地从这些独特的服饰和风格中汲取灵感，嬉皮士风格成为我们今天各种年轻人服饰的流行源头。（图1-24、图1-25）

第三节 现代箱包设计与时尚

一、从潮流之外到顺应潮流的转变

20世纪前期，服装虽然也在变化，但是以十年为一个周期，具有相对稳定的时期，而箱包的变化相对于服装而言就更加稳定了。特别是一些由著名设计师和制造商推出的经典包型，和一些以功能性为主的品种，更是几十年不变地延续下来，在面料材质、色彩风格、五金配件等方面很少有大的改变。比如色彩基本上都是以黑色、褐色系列为主。设计的宗旨就是完美、经典，拥有一个"好包"就能够搭配很多服装形象。

60年代开始时，服饰品设计师们对服装的年轻化流行反应并不敏锐，当时古典款式的挎包与随意休闲的服装很不相配，但到1964年后，一些箱包设计师们接受了时尚的召唤，在设计上非常及时地迎合了社会上最流行的时尚，与服装在流行性上取得了一致，又形成了协调一致的新形象。如1966年出现的简洁、配有机玻璃提手的扁平拉链手包，成为最先与太空时代服装相搭配的手包。之后，与流行服装配套的时髦手袋设计便不断地涌现出来。很多服装设计师在推出新服装款式时，也会设计搭配的箱包。70年代推出的大的软皮肩包受到了人们的喜爱，成为最为流行的款式。它成功的原因在于从多个方面深入地贴近当时追求自由、舒适的时代气息。(图1-26)1977年美国设计师芭芭拉·博兰(Barbara Bolan)设计的金色软皮肩包，简洁、柔软的外形，材质既实用舒适，又经久耐用，不用精心照顾。尤其受到女性上班族这一消费群体的喜爱。

手袋的设计具有自己独特的优势，思路广阔，没有太多限制，不需要考虑过多人体的结构和活动，也对身材等生理条件没有过多要求。一款漂亮的包基本上人人都可以佩戴，而且同一款包通过不同的搭配方式还可以显现出各种风格形象。所以，它能够更加自如地创新和演绎流行，快速地反映潮流的变化。以年轻人为销售对象的手袋不再是多年不变的、保守传统的面孔，而是与服装一样不断地翻新。时尚的观念使手袋的设计迅速地反映社会各个方面的变化，以及最新鲜的事物，从而使设计具有永不枯竭的创新源泉和与时代同步的文化内涵。

二、箱包设计成为现代时尚产业的先锋

到了20世纪80年代中期，从时装界和生活中的种种迹象表明，作为服饰配件的手提包的意义及作用有了悄然的变化。服装逐渐走向便装化，服饰品的点缀对服装的整体效果起到了重要的强调作用，它表明了服装颜色、对比和风格上的特征。比起衣服来，造型多变、设计灵活、组合方式层出不穷的配饰更能打造出鲜明的个人风格，创造出最新的时尚形象。而且配饰的消费支出相对服装来说要低一些，购买的随意性和灵活性也要大于服装。于是服装设计师和服装公司都看到了服饰品地位的重要性，把越来越多的注意力转向一直处于陪衬地位的服饰品。他们逐渐把系列产品扩展到帽子、鞋和手提包，如服装设计师阿玛尼(Armani)、卡尔文·克莱恩(Caivin Kiein)、范思哲(Versace)、唐娜·卡伦(Donna Karan)都在此时加入到箱包的设计和生产中。

如同没有时尚就没有都市一样，当代的时装是绝对不能缺乏服饰品的点缀映衬的，甚至很多时尚评论家把当代称为"配饰时代"。其中，女装包最能代表时尚的先锋。在每一个流行季中设计师都会将自己的艺术才华全力倾注在包的设计中，推出新的款式，在造型、色彩、材质、装饰细节等各方面带给人们新颖、亮丽的风貌，新的包款甚至成为比服装更吸引视线的焦点，成为时尚消费市场的推动力。今天，几乎所有具有一定品牌影响力的服装品牌都会推出自己的箱包系列。在进入中国的欧美各服饰品牌中，也多以服饰配件为经营重点，尤其是各类箱包饰品，如路易·威登(Louis vuitton)、爱马仕(Hermes)、古奇(Gucci)、普拉达(Prada)等品牌的销售成绩都超越其同品牌之下的服装系列。中国的消费群体也正是通过它们，最先认识和了解了箱包的时尚形象和艺术魅力。(图1-27、图1-28)

图1-26 第一只"IT Bag" Gisele Bag

图1-27 高级时装品牌迪奥(Dior)的LADY手袋

图1-28 奢侈鞋类品牌TOD'S的时尚手袋

现在时尚界的"IT Bag"概念,则更是从一种社会流行现象的侧面说明了,箱包作为时尚先锋的地位已经达到了一个顶峰。所谓"IT Bag",是指"一定要拥有的"包,是最受关注、最热门、预订名单最长、媒体出镜率最高,也最多被翻版的手袋。"IT"是英语"Inevitable"——"不可避免"的缩写意思。它是各大名牌每季精心设计的主打产品。绝对耀目的形象带动了一波又一波的流行潮流。携带这样的一个"IT Bag"无疑就拥有了最前沿的时尚形象。

[链接]

"IT Bag"的鼻祖—Luella Gisele(露艾拉·吉赛尔) Bag

最早的"IT Bag"崇拜现象一般认为是从英国箱包品牌Mulberry(玛百莉)的Gisele(吉赛尔)包开始的。这款著名的IT Bag是这个百年老牌Mulberry与伦敦的设计师Luella Bartley(露艾拉·芭特莉)的合作结晶,并以此为原本老派的Mulberry增添了时髦的新格调。2002年的春夏季,由当时的超级名模Gisele Bundchen(吉赛尔·邦辰)手拎这款手袋作为压轴模特走秀,并首度被时尚传媒称之为"Must-Have"。这也是"IT Bag"含义的最初来源。这款包也被称为Luella Gisele Bag,不仅成为流行经典,更被多位明星、模特、设计师和时尚人士竞相拥有。(图1-29)

图1-29 第一只 IT Bag

三、现代箱包设计的流行趋势发布

现代箱包的设计与服装一样,直接受到经济政治、文化艺术、时尚趣味等社会整体因素的影响和指引。当然,服装的流行趋势在一定程度上还左右其设计风格的倒向。但是在设计具体要素的运用上主要还是受到自己行业信息的引导,比如各种国际性皮革及服饰品展示会(多数会分春秋两季)。在这些展会上发布新的材料、技术、流行色、设计风格等最新资讯和时尚元素,对于下一季产品设计起到重要的指向性作用。国内外比较重要的展会有:

意大利米兰MICAM国际皮鞋皮具展,

意大利博洛尼亚LINEAPELLE皮革展,

意大利米兰MICAM国际皮革制品展,

日本东京Isf国际鞋类与包袋展,

法国 LE CUIRA PARIS皮革展,

德国皮尔马森斯PLW皮革展,

香港亚太区皮革展,

广州琳琅沛丽亚洲皮革展,

中国国际皮革展。

此外,国内外还有很多专业类的杂志、期刊,也传递着重要的设计信息和行业发展动态:

《ARPEL》，意大利手袋皮具及皮衣季刊，

《MODA PELLE BAGS》，意大利手袋皮具半年刊，

《MIPEL MAGAZINE》，意大利皮具杂志，

《COLLEZIONI ACCESSORIES》，意大利手袋及时装配饰半年刊，

《IL MONDO DELLA CALZATURA-SHOES & BAGS》，意大利鞋类、手袋类综合设计杂志，

《ID BAGS》，德国手袋设计手稿(附皮料实物样板)，

《LEDERWAREN REPORT》，德国手袋月刊，

《TRAVELWARE》，美国皮具及旅行用具杂志，

《BRAND'S OFF-HANDBAGS》，日本手袋杂志，

《TOKYO SUPER BRAND》，日本手袋杂志，

《广东皮具》，中国箱包皮具杂志。

在箱包材质研发和产品设计制造领域，意大利无疑是处于当代时尚绝对前沿的地位，具有悠久的皮革加工和皮具制造的历史，直至今日，主要都还是延续着传统的手工作坊式的生产方式，企业规模虽然不大，但是却具有精湛的传统技艺。他们像对待艺术品一样来对待产品制作的每一个环节，精工细作，追求完美，不断创新。比如我们前面提到的古奇(Gucci)、普拉达(Prada)，还有图沙帝(Tusssardi)、托兹(Tod's)、宝缇嘉(Bottega Veneta)等众多顶级的皮具类品牌，都是诞生于意大利这个皮革王国。因此，意大利的箱包设计成为引领时尚潮流的风向标，尤其是他们在材质和技术上的创新研发更是影响着全球箱包设计的面貌。而且不只是限于真皮皮革，在人造材料、纺织品材料、五金配件等方面也居于世界领先的地位。

[设计师介绍]

英国设计师 Luella Bartley（露艾拉·芭特莉）

设计师露艾拉1974年出生于英国，于著名的伦敦圣马丁设计学院毕业后曾先后就任于很多时尚杂志任时尚写手和编辑。1999年，露艾拉重回时装设计专业，在一年后就以第一个迷你系列在伦敦时装周获得一席之地，并得到了英国时装协会颁发的新人大奖。在2008年英国时尚大奖上，Luella Bartley又获得年度最佳设计师殊荣。她的设计充满了想象力，有一点小女孩般的梦想色彩，古怪调皮再加上一些漫画性格，将专属于英国伦敦的叛逆风情和年轻庞克风格以性感可爱、甜蜜怪趣的形象表达出来。因此，那些年轻活跃、注重趣味的人们很容易被她设计的包款打动。如她常在休闲款背包的一侧悬挂坠饰：金属链串起黑白分明的塑胶太阳眼镜、CD唱盘等趣味性的小饰品。她还喜欢用缤纷的色彩来表现休闲的大号包，如粉红、宝石绿、粉紫、勃艮第酒红、葡萄紫等美丽的色彩。(图1-30)

图1-30 英国设计师Luella Bartley（第一只 IT Bag 的设计师）

思考题：

1. 如何理解当代盛行的设计"跨界"现象？
2. 为什么说对功能性的追求是现代箱包设计得以构建和发展的基础核心？
3. 中国当前的箱包企业和品牌众多，请从各种途径搜集资料，试分析一下这些品牌的发展现状。

第二章
现代箱包设计的艺术形式

第一节 现代箱包的艺术形式

现代社会生活中,时尚的本质是以强调整体风格形式为设计核心和表现目标的,并且更换频率快,每一季都会有新的时尚风格不断被演绎出来。这种时尚风格的周期性更替在箱包设计中同样也体现得很明显。比如过去人们印象中公文包就是严肃、拘谨的线条和造型,黑色暗淡的色彩,但是现在的公文包则呈现出风格迥异的款式,有年轻时尚的、女性化的、带休闲格调的等等。人们对于新的风格的创新充满着迫切的期望,并且随着人们审美水平的提高,甚至很多时尚风格发源于普通的消费者,设计师也会从街头的着装中吸取灵感用于推出新的流行。

一、艺术形式的重要意义

确定一件产品的艺术表现形式应该是设计的第一步和成功的关键。只有确立了符合消费对象的、恰当的产品风格,才能从根本上把握住正确的设计方向和时尚动态。如果只是从狭隘的产品功能性和固有的造型特征出发,就会使设计思想受到限制,很难获得艺术的升华和新颖的审美感觉,产品缺乏艺术气息和多层次的回味,而这一点也正是国内箱包品牌设计的弊端。我们的设计观念还是固守于本行业的守旧思想和产品本身的传统性,没有将自己定位为一个时尚业者,因此,无论是产品设计还是品牌形象都显得简单、贫乏,缺乏鲜明生动的时代风格。

广泛性的风格概念可以这样解释:指某一类事物之间的共性特征。这种特征必须是占主导地位的特征,故此我们又将这种特征称为事物的主导因素。

图 2-1 皮具品牌K Tamuna 具有典型的日本风格

图 2-2 具有东方韵味的一组配饰品设计

在艺术设计领域中,这种共性特征表现为一种明确而完整的形式感。形式感强的作品正是我们在审美性创造上最终追求的目标,它能够带给人强烈的视觉印象和独特的情感体验。形式感是通过色彩、材质、款式、造型、装饰细节等设计要素的变化来达到的。当各种设计因素通过设计师主观审美意识的提炼和组合后,就会呈现出一种特定的形式美感,产生强烈的风格形象。因此,我们所说的设计风格,实际上就是某种艺术形式的外在体现。(图2-1~图2-3)

设计风格并不是凭空产生的,也不是单靠设计师头脑创意出来的,而是在吸取人类创造的服装、服饰艺术形式基础上,再融入时代的新特征和需求而形成的,比如,在不同文化和地域氛围中独立发展起来的、丰富多彩的民族服饰风格形式,还有不同历史时期服装、服饰变迁而形成的多种风格形态,这些都是当前各种时尚风格产生的最初来源和借鉴的宝藏。同时,现代社会强调以人为本,服装、服饰还要以个体的生理特征、社会性需求等为基础来确定着装风格和气质表达。因此,箱包设计师迫切需要打破传统的思维惯性,增加艺术修养,积累审美经验,不能将眼界和思维局限于箱包本身,而要将思路延伸到广泛的领域去,挖掘和探索各个时代和地域服装风格的多种元素,了解和分析当代社会典型的人群气质和着装风格,尤其服装领域更是不可忽视的重点。只有充实自己的信息量,提升艺术审美力之后,才能自如地驾驭和演绎多种艺术形式。

图 2-3 中性风格的人物形象设计

[链接]
现代服饰中盛行的哥特风格（Gothic Style）

"哥特式"最早是指中世纪欧洲一种以尖顶大教堂为显著特色的建筑风格，之后把介于欧洲古代与文艺复兴之间的所有艺术都称为"哥特式"，是中世纪天主教神学观念在艺术上的一种反映。哥特(Gothic)风格服饰则可视为当下正流行的新浪漫主义时尚的一个分支。20世纪70年代末期，当时作为哥特摇滚(Gothic Rock)雏形的一个重要的英国摇滚乐团Joy Division，在服装上采用大量的现代哥特风格造型。例如：带有大量蕾丝的衣服、象征浪漫的玫瑰、坟墓、吸血鬼、女巫、废墟、哥特大教堂等等，这些都是哥特艺术的符号象征。80年代，哥特服饰时尚风格逐步发展起来：染黑的长发、苍白的皮肤、浓重的黑色眼影、紧身黑衣、尖皮靴和大量银饰(多用早期欧洲和埃及宗教性的设计)。到了近现代，哥特服装风格再次盛行，很多服装品牌设计师也开始关注哥特时尚。当代的哥特风格随着时代的审美趣味而有所改变，在复古的神秘奇异、诡异阴暗之上更加具备流行性和实用性，如采用了雪纺、锦缎和皮草等高贵材质，在经典的黑色之外，一些浓郁华贵的色调，如暗红、深棕、宝蓝等也开始露面，贴身裁剪的上衣、长裙，性感诱惑的线条，金属链挽带，卷发、高马尾辫等等。(图2-4)

图2-4 带有哥特式风格的服装设计

二、奢侈品牌与大众品牌在艺术形式上的差异

箱包艺术形式，首先要从产品市场对应的两个大的消费层次来进行划分：面对少数高档消费群的高级箱包、皮具类和面对普通消费群的大众箱包类。这两者的区别首先就是生产方式的不同。高级箱包和皮具多是从欧洲家族式皮革作坊发展起来的，是箱包行业中传统的组成部分，具有最为耀眼的光彩，相当于服装中的高级时装，多是采用限量生产、手工制造的方式；而大众箱包相当于服装中的成衣，是现代社会的产物，采用流水线的、批量化生产方式。

由于面对的消费需求和生产方式不同，造就了两者对于艺术形式的追求具有鲜明的区别。高级箱包和皮具的使用者是社会少数阶层和人群。品牌多数集中在欧洲各个有传统皮革制作历史的国家，如意大利、西班牙、法国、英国等。因此，在艺术形式上多表现为欧洲经典的艺术风格，材料奢华、工艺精湛、细节考究，将西方上流社会传统的优雅、华丽风格与实用功能完美地结合起来，达到极致的艺术美感。而且，高级箱包和皮具往往具有悠久的历史和品牌文化，所以在风格上更加注重继承和保持自己的纯正特点，而不是随意的创新和追赶潮流。

大众箱包受到消费群体分布广、大批量生产方式因素的制约，在艺术形式上不以追求极致和完美的艺术美感为主要目的，设计的表现语言和尺度有所保留和局限。其设计风格的确定依据是经过概括的、具有相似特征和消费需求的某个消费群，产品表现出来的风格更具有广泛的受众性和涵盖面。此

图 2-5 巴宝莉（BURBERRY）用制服打造的英伦贵族风格

图 2-6 戈雅独特的手绘图案

图 2-7 亲切通俗的大众品牌风格

类产品是现代箱包行业的主体。随着消费市场的日益扩展和细分，大众箱包市场上的风格也在日益丰富和个性化，从艺术形式上呈现出异常多样化的风格类型，不断满足各个消费群更细腻的审美需求。在大众箱包品牌这个阶层中，市场需求尽管很大，但是竞争也是非常激烈的。因此，风格的演绎和创新对于品牌的形象树立和发展显得极其重要，设计的作用也表现得更为突出。

但是奢侈品牌和大众品牌之间并没有绝对的对立和差异，主要在表现尺度上有所区别，而且，两者经常互相借鉴和引用。尤其是在当代社会中，奢侈品箱包的风格对于大众产品有着不可忽视的时尚影响力；反之，很多大众品牌新颖的设计元素和风格有时也会被奢侈品牌借用。（图2-5~图2-7）

[品牌介绍]

世界上最昂贵的帆布旅行箱——法国戈雅（Goyard）

1853年创立于法国巴黎，其创始人为Francois Goyard。在欧洲上流社会中，Goyard是一个比LV历史更悠久、更金贵，而且更低调的牌子。至今仍是以家族传承、手工制造的方式来做旅行用的皮箱。其独特之处在于始终坚持采用防水性佳、扎实的白杨木和山毛榉木制作旅行木箱框架，外面全都以麻、棉及大麻纤维混合织成的，涂有光面的树胶醛醣的防水帆布制作，加上金属硬件：护角、锁扣和手柄，每个部位都是工人手工镶嵌，包括每粒钉、每条车线、每个皮革摺边，就如一件法国工艺品，但是却非常结实耐用。最让人惊叹的是帆布上的"Y"字图案也都是由工人逐一点上，而不是模版压印的。这种早在1892年首次出现在旅行箱上的装饰图案，比LV的Monogram图案出现得还要早。（图2-8）

图 2-8 戈雅的箱子

图2-9 美国独立箱包设计师Helen Hoppock 的作品　　图2-10 意大利服装D&G品牌前卫性感的风格

三、设计师个人风格与品牌艺术形式

在确立艺术形式的过程中，设计师并不只是被动地去选择和适应，而是要在借鉴和运用已有风格的基础上，主动地将个人的艺术风格和特点有机糅合进去，在成熟的形式下表达出一些自己的特色。这样，最终形成的风格形式才更有生命力。设计师个人才华和个性的作用就是要不断改变旧的定式，推进时尚风格的演化，持续地为消费者带来惊喜。否则，如果只是简单地做一些组合和粘贴旧元素的工作，设计师的作用就得不到真正的体现。

可以说在当今国际上顶级的服装、服饰品牌的成功塑造，都离不开一个优秀的设计师的支撑，不可缺少设计师独树一帜的个人风格在其中的体现。这也许是时尚行业的一个特性，设计师个人的风格往往会成为一个品牌的核心，一个时代的经典。即使在当今靠品牌策划和营销手段可以使企业一夜成名的品牌速成时代，要想成就一个具有国际影响力的、有独特风格形象和艺术水准的时尚品牌，也不能缺少一个风格鲜明的设计总监。缺少设计师个性风采的品牌就像是缺少了灵魂一样，即使它原来是一个美誉度极佳的老名牌，也会在时代的浪涛中逐渐萎靡沉沦，被人们遗忘。这样的例子非常之多，比如意大利的Gucci（古奇）是现在人们熟知的高级服饰品牌，它创建于1881年，一直以来都被西方上流社会所推崇，但是在上个世纪的90年代初期企业几乎陷入破产的境地。当然其原因很多，但是它的品牌形象保守老套，艺术形式陈腐落后则是其中一项重要的因素。直到1994年美国设计师汤姆·福特（Tom Ford）担任了它的艺术总监一职后才令它重获新生。汤姆·福特将自己对于现代时尚趋势的理解和古奇原有的经典特征巧妙地融合起来，创立了当时让人耳目一新的新时装形象：现代而中性，贯穿当代的简约精神。让穿着古奇服装的女性既有力量感又富性感，让人着迷又不可小看，制造出一种更加符合现代审美趣味的性感。可以说古奇是依靠了汤姆·福特个人高超的艺术创造才得以获得了现在的品牌地位。现在，西方很多沉寂多年的服装、服饰品牌都在积极聘请国际知名的设计师来重塑品牌形象，希望借助设计师的个人艺术魅力来获得新的时尚地位，而且成功的比例很高。当然，品牌的风格和设计师的个人风格的结合不是随意拼凑的，需要找到两者的共同之处和创意点来进行有机的融合，形成你中有我、我中有你的综合形式。而且不同类别和档次的品牌两者的成分含量也不尽相同，有时是品牌性表现得更强一些，有时则是个性占上风。（图2-9、图2-10）

图2-11　古奇2009春夏系列之一

图2-12　古奇2009春夏系列之二

个人风格的建立和自如发挥对于设计师来说是走向成熟的标志。当你还没有建立起自己清晰的思维脉络和风格形式时，是无法对各种时尚现象做出独特自信的理解和表达的，因此，除了学习设计知识和技法之外，发掘和建立自己的艺术个性更为重要。艺术设计院校的教学目标也应该是培养具有不同设计个性的学生，使他们在走出校园之前，就能发现和了解自己在设计思维方面的爱好、兴趣、能力、特长等，树立自信，明确自己在设计事业中发展的方向和目标。

[设计师介绍]

从皮具设计师开始的设计之路——GUCCI品牌创意总监弗里达·贾尼尼（Frida Giannini）

2005年Gucci（古奇）的配饰创意总监，意大利年轻的女设计师弗里达·贾尼尼（Frida Giannini）出人意料地被任命为Gucci品牌女装创意总监一职，并继续兼任配饰创意总监的职位。2006年7月则直接跃升至品牌唯一的创意总监之位。贾尼尼毕业于罗马时装学校，她醉心于高级时装配饰的制作。在芬迪（Fendi）以皮具设计师的职位工作了6年后，2002年9月她来到Gucci，全面负责皮具部的设计工作。贾尼尼的作品不但沿袭了对完美品质的严谨追求，更难得的是她个人对市场有着异常清晰的认识。2004年初，福特离开Gucci之后，配饰创意总监一职便落在了贾尼尼的身上，在她的执掌之下，Gucci时装配饰在2004年取得了令人称奇的业绩。上任为品牌创意总监之职之后，贾尼尼鲜活的创意和视角，与她对Gucci传统风格的敏锐理解完美地结合在一起，让Gucci再一次在世界时尚舞台上脱颖而出。

2005年贾尼尼为 Gucci 秋冬季所设计的 La Pelle Gucci Ssima 皮具系列，以奢华理念重塑 Gucci 品牌两大经典标识"双G"及"Horsebit"图案，并以20世纪五六十年代为主题设计，为 Gucci 带来自 Tom Ford 离职后最大的惊喜。贾尼尼于2006年春夏季再度推出 Lavender Gucci Ssima 系列，获得时尚传媒界的热烈赞赏。2007年春夏她又设计了"Indy Bag"，其弓形的弧线提把成为Gucci手袋的新标志，并且一推出立刻成为被名流追捧的"IT Bag"。（图2—11、图2—12）

第二节 大众箱包品牌的艺术形式

现在，市场上大众箱包品牌非常多，而且有一定影响力的服装品牌也在推出自己的箱包系列。可以说在国际上知名的箱包品牌是举不胜举，风格形式也丰富多样。下面，我们就侧重于一些有代表性的风格形式来做简单介绍。箱包艺术形式的确定，一方面离不开自身独特的设计语言，另一方面也要参考服装的风格和时尚潮流。因此，我们对于箱包风格介绍，也参考了当代服装艺术形式的整体特征和划分依据，以便于我们更全面、准确地把握箱包艺术形式。

图2—13 经典优雅形式的手袋

一、大众品牌的典型风格形式
1.经典优雅形式

从服装形式特征上表现为一种来自西方服饰风格的经典形式，具有考究脱俗，优雅稳重的气质。是当代国际社会中成年人在职业、社交环境中较为固定的装扮模式，因此它的社会性意义相对更强，在款式、搭配等方面有自己的礼仪标准。服装款式表现为正装、商务休闲装等形式，如西装、套装、西服衬衣、风衣、小礼服等。

在这种着装风格的限定之下，箱包的设计也表现得比较含蓄，不会过于夸张、怪异，款型能被大多数人接受。同时对于流行的接受比较保守，多采用简洁的外形，而在细节上结合品牌形象和流行趋势进行变化，显露巧妙心思。从而在保证基本的风格定位基础上获得新颖、独特的外观形式。如方中带圆的造型特征或传统的款式是常被采用的；材质上多采用优异的真皮皮革或品质优良的人造皮革、高档尼龙材料及帆布等。

图2—14 经典优雅形式的搭配形象

比较有代表性的品牌有： 意大利手袋品牌迪桑娜（Dissona）、沙驰（Satchi）；日本女装手袋Kitamura、K2、菲安妮（FION）、旅行箱包品牌新秀丽(Samsonite)；中国的苹果等等。（图2—13、图2—14）

图2-15　都市流行形式的手袋

图2-17　年轻新潮形式的背包

图2-18　年轻新潮形式的搭配形象

图2-16　都市流行形式的搭配形象

2. 都市流行形式

相对于上一种形式，品牌的定位是较为年轻的、有时尚意识的职业群体，但是并不追求独特鲜明的品牌文化和形象，更加注重表现流行元素和时尚风格。外观新颖多变，在设计表现手法上比较丰富，面料、色彩、装饰细节等总是追随最新的流行，是略显平庸但好看、好用、易于搭配的大众时尚风格，多采用基本的款式，从价格和形式上更具有平易性和亲和性。因此这种艺术形式的品牌众多，成为一种比较普遍的主流形式，而且风格形象和档位分布也多样化。

比较有代表性的有美国的女装手袋寇兹（Coach）、力保士（LeSportsac）、Dooney&Bourke、BCBG少女（BCBGirls）、贝齐城（Betseyville），意大利品牌米多米（mike.mike）、帕佳图、尼诺里拉（Ninoriva），香港女装手袋品牌Pelletteria，中国的皮具品牌万里马、蒙娜丽莎等。（图2-15、图2-16）

3. 年轻新潮形式

现代社会的时尚主角不再是成熟稳重的成年人，而是思想开放、充满好奇心和创造力的年轻一代。所以，针对20岁左右年轻人的审美追求和消费文化而形成的艺术形式是最有新鲜感和吸引力的。如波普艺术风格、街头风格、摇滚风格、嘻哈风格、军装风格、运动时尚风格、波西米亚风格、洛丽塔风格、日本卡通风格等等。

品牌形象也个性十足，具有很强的形式感，充分反映了年轻人对于当代社会生活和文化现象的敏锐感觉和大胆求新的魄力。如波普风格主要体现在面料以及图案的创新上，将文字、涂鸦、卡通形象、人物照片等拼贴起来组成活泼有趣的画面，并且图形往往富有情趣和幽默感。

图2-19 大众休闲形式 　　图2-20 大众休闲形式的搭配形象 　　图2-21 印有趣味性图案的波普风格休闲包

有代表性的品牌有：德国阿迪达斯（Adidas）、彪马（Puma）、美国耐克（Nike）等运动品牌的时尚系列；Y-3，以及一些小众的独立设计师品牌等。（图2-17、图2-18）

4. 大众休闲形式

其服装形式特征上表现为中性化的装扮倾向，款式多为基本款型，舒适耐用，简洁大方，没有过多细节装饰，也没有男女、年龄的明显差异，如日常休闲服、运动休闲服等。在这种着装风格的限定之下，箱包的设计也表现出实用性和功能化的设计特征。外观形象比较简朴、色彩简练。设计手法简单，尽量减少复杂的细节，面料低廉。

比较有代表性的品牌有运动品牌类，如德国的阿迪达斯（Adidas）、彪马（Puma），美国的耐克（Nike），韩国的卡帕（Kappa）等运动品牌的大众休闲系列；中国的达派、斐高等。（图2-19、图2-20）

[链接]

当代服饰中的波普风格（POP Art）

波普艺术产生于20世纪50年代末期的英国，但其兴盛之地却在60～70年代的美国，而将波普艺术推至顶峰的则是美国艺术家安迪·沃霍尔（Andy Warhol）。波普艺术的核心是"大众化"的艺术：便宜的、大量生产的、年轻的、趣味性的、商品化的、即时性的、片刻性的，带有先天性的民众流行性精神与形态。波普艺术对于当代服饰具有极大的影响，主要体现在面料和图案的创新上，它将各种图案、文字、色彩等加以夸张和随意的搭配，如圆点、条纹、卡通形象等，加上幽默、随意的创新性处理手段，显得富有意味和情趣，而且制作上力求简洁、方便，成本低廉，因此，深受大众喜爱，成为现代主流的服装、服饰风格。（图2-21）

二、大众风格形式的发展趋势

以上各种风格虽然各有差异，但是可以找到共同点，就是适合多数消费者，在市场上是主导产品，流行度较高，但相对来说时尚性和前卫性较低，因为它要适应多数人的审美趣味和流行接受度，所以在很多设计理念和表现手段上都采取折中的处理。但是现代人对于流行风格的接受度越来越高，经历过各种风格潮流的变幻和体验之后，那些平凡的、大众化的风格已经不能满足所有人对美的追求欲望了。从近些年来的时尚发展趋势来看，强调个性气质和艺术美感的小众风格开始逐渐被一些大众品牌积极吸纳，使原先简单纯粹的产品形象具有多层面的气质和复杂而新颖的视觉印象，这不仅丰富和细化了风格流派，满足了更多普通人群细腻的、个性化的审美需求，还从一定程度上提升了大众品牌的艺术性内涵。

[品牌介绍]

极具趣味性和流行性的便宜箱包——比利时休闲品牌吉普林（Kipling）

1987年1月，吉普林（Kipling）创建于比利时时装之都安特卫普，以系列化的休闲时尚包、书包、文具为主要产品。品牌标识是一只可爱的长尾猴子，每一款包上都会挂着一只。

显示着拥有一颗永远年轻的心是该品牌始终不变的设计理念。跳跃的色彩、充满人性化的设计带给人永远年轻的感觉。

这个年轻的品牌，其发展时间相对于上百年历史的顶级品牌来说，只是短短的一瞬。但是吉普林的经营和设计定位非常准确，不追求奢华的高贵品质，它汇集全世界一流设计团队，每一季都会推出多个系列的新品，款式多样，色彩也极为丰富，在材质上选择耐用的超轻、超薄材料，通过高品质的设计来反映流行的乐趣为大众审美服务。经过20年的发展，它现在已经成为一个世界知名的、实力雄厚的品牌。吉普林箱包最大的特点是用途广泛，价格便宜，适合各种年龄、职业的人，是任何时间场合都能使用的箱包。设计对象也包括了家庭的所有成员，男人、女人、大人、小孩、老人都能从不同系列中找到合适自己的产品。在比利时，几乎人均拥有3个吉普林包。（图2-22）

图2-22 吉普林（Kipling）的休闲包

第三节 箱包奢侈品牌艺术形式

一、箱包奢侈品的象征性意义

在西方时尚行业中，高级箱包一直都是传统的奢侈品类别，对于上流社会的人来说，无论从价格还是使用性上，它们的意义就相当于贵重的珠宝首饰，是尊贵身份和优越生活状态的象征手段，是优雅、奢华生活的标签。虽然在时尚奢侈品类别中，高级时装的形象最为夺目光耀，而且价格不菲，但是最终在营业利润率上却明显不敌同为奢侈品档次的箱包类。因此，高级箱包一直以来都是奢侈品中的重要成员，往往是品牌最赚钱的、高营业利润率的产品类别。在2004年的福布斯杂志评出的"顶级奢侈品品牌排行榜"和由世界经理人资讯有限公司的全资附属机构世界品牌实验室（WBL）公布的"2005年世界奢侈品前100名的排行榜单"的前50名中，从产品类别来看，汽车与时装、箱包的品牌占前两位，分别有12个（24%）和10个（20%）。

尽管大部分人都享受不起这些奢侈品，但是还是津津乐道着它们的产品、品牌以及相关的各类资讯。奢侈品牌成为对极致的精湛技艺、艺术美感和物质享受的最高代表。对于大众生活来说，则提供了一种最高级的、最美丽的社会生活与神秘的私人生活的榜样，代表了普通人追逐的一种梦想。

图2-23 路易·威登2008年新款

二、奢侈品牌的典型风格形式

以箱包产品为代表的奢侈品牌主要分布在欧洲,由于文化背景、创建基础和发展演变的不同,它会表现出各种艺术形式。但还是可以大致从其各个品牌的特点和精髓作出分析,将其划分为几种典型的风格类型。

1.经典低调的搭配风格

以一些历史悠久的经典老牌为代表。它们在创立之际往往就形成了自己独特的风格品味,创造出完美的典型款型和搭配风格。虽然也会随着时代的演变而增添一些时尚的气质和新鲜的元素,但是还是保持着自己经典的款式和风格本质而不为潮流所动,针对的消费群体、品牌的定位也是相对稳定的。

比如路易·威登(Louis Vuitton)的箱包所代表的精致、品质、舒适和高雅、优越的贵族气质一直没有改变,其主要的包款也一直都保持着那些经典的造型,在面料、纹样、工艺等方面的改变也都很谨慎。这些品牌一直力求保持着自己传统的品牌精髓,虽然在每个流行季中它们都不是最为张扬的,不争抢最前卫和时尚的前沿,但是它们独特的形象气质和深厚的文化内涵总是能带给人们美的回味,完美的品质和低调的高贵不容忽视。(图2-23)

1894年成立于西班牙的罗威(Loewe),主营手袋、旅行箱包、各类皮革用具,是西班牙王室的特许供应商。以最高效的设计来应对流行的风云变化是其一直恪守的设计理念。

1893年创立于英国伦敦的登喜路(Dunhill),主营高级皮具、旅行箱包、高级男装等男士系列服饰品。以追求低调内敛的高质感成为顶级的男士奢侈品品牌。

1837年创立于法国巴黎的爱马仕(Hermes),主营皮具、箱包、丝巾等。产品被誉为思想深邃、品位高尚、内涵丰富、工艺精湛的艺术品。

1910年创立于意大利贝加莫的图沙帝(Tussardi),主营高级皮具、高级男女成衣等。依然保持着纯正的意大利家族企业的感觉,低调成熟,考究选材。(图2-24)

[链接]

爱马仕(Hermes)的经典包款 Birkin(柏金)包

Birkin包是爱马仕(Hermes)品牌中与凯莉包(Kelly)并肩齐名的经典款式,是在1947年设计的。它经典的设计就是那个三片状的包盖。它最初是应当时的法国歌手Jane Birkin的要求而设计的。一次爱马仕的总裁在飞机上偶遇Jane Birkin,后者向他抱怨凯莉包太小,不能放下更多的婴儿用品。于是,在凯莉包的基础上改进推出了容量较大、双提带的柏金包,风格上兼具正式与休闲,所以使用率和搭配性均很高。直至今天它的款式也基本保持不变,只是在色彩和材质上经常变化。(图2-25、图2-26)

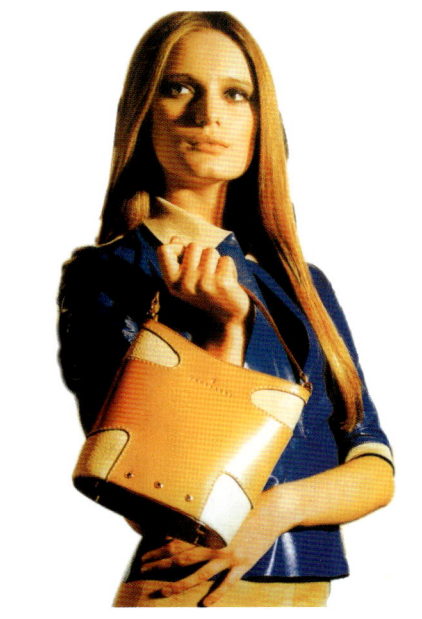

图2-24 图沙帝的拎包

图2-25 爱马仕的凯莉包

图2-26 爱马仕的柏金包

图2-27 日落瓦（Rimowa）的铝镁合金旅行箱

图2-28 TUMI的商务旅行箱系列

2. 卓越的功能和技术

在使用性、加工技艺或材质等方面具有卓越的性能和不可替代性。它们在产品品种和设计风格上相对简单，但是往往在某种制造领域具有绝对的领导地位，同时在设计理念上更加注重材质和技术的创新。

1898年于德国科隆地区创立的日落瓦（Rimowa）行李箱公司。其独到之处是在1937年开始采用高科技的铝镁合金和防弹塑料材质为箱体材质，它成为"德国精工之最"的同义词。品牌一直遵循的传统精神就是：完美工艺展现、高讲究材质与近乎苛求的精工。

1975年创建于美国的Tumi是世界上最为顶级的国际商务性奢华品牌。上个世纪80年代，Tumi创造性地推出了质地柔软、功能超强的全黑防弹尼龙旅行袋，从而奠定了其在行业内延续至今的领先地位。"追求出行时方便快捷"是它的实用主义定位，一直通过材料和工艺的创新保持住少有人能及的行业地位。（图2-27、图2-28）

[品牌介绍]

最皇家经典旅行箱包品牌——漫游家（Globe-Trotter1）

1897年成立的漫游家（Globe-Trotter1）行李箱公司。这个拥有百年历史的英国著名箱包品牌一直为各国皇室成员、政商名流及演艺明星所喜爱。英国女王伊丽莎白二世曾提着Globe-Trotter旅行箱度蜜月，首相丘吉尔也喜欢携带Globe-Trotter纸箱。至今，它的每只旅行箱都是在英格兰东南赫特福德郡由手工制作。但是真正杰出之处在于它是用纸为材料制造的，这种材料叫Vulcan Fibre，1850年发明的，是漫游家的专利技术材料。它是用高压将20多层特别硬卡纸压制而成，防水性好，像铝一样轻，同时又像皮革一样坚韧，所以才

图 2-29 Globe-Trotter 的皇家蓝旅行箱　　　　　　　图 2-30　2008 年普拉达的荷叶装饰手袋

有资格用来制作旅行箱。从外观设计来看，它始终保持着英式风格，使用皇家蓝面料，用深蓝色优质皮革镶边，这是品牌的标识设计。箱内里衬为皇家蓝配雪白的细条纹，漂亮的颜色在夏日令人格外心旷神怡。（图2-29）

3. 领先的时尚形象

以超前、创新的品牌形象获得世人瞩目的时尚先锋地位。这当中既有历史悠久的老牌，也有异军突起的新贵。它们虽然也不缺少精湛的技艺和奢华的品质，但都是依靠极具个性和艺术性的风格创意来获得成功的。它们的风格形象往往与新时代的精神相吻合，并且是每一季的流行指标，影响着全世界的潮流动向。

其中最有典范意义的就是意大利顶级奢侈品牌普拉达（Prada）在20世纪80年代末的重新崛起。当时普拉达家族的第三代传人为这个古老的有点陈旧的品牌注入了新的设计哲学：未来主义的极简风格加多元文化的灵感，古典中注入前卫的元素。这主要归功于其设计背后的生活哲学正巧契合现代人追求切身实用与流行美观的双重心态。从而因此挽救了普拉达没落的结局。从90年代之后它成了"摩登"皮具的代名词，成为影响着全球时尚界的品牌风格之一。

另外，1945年创建于法国巴黎的赛琳（Celine），1997年美国设计师迈克尔·考斯（Michael Kors）为品牌注入的符合新潮流的美式休闲个性，创造出一种新的风格概念"休闲华丽"，突破了皮件世家的拘谨，展现出眼前一亮的新气息。

还有我们前面提到过的意大利的古奇（Gucci），也是以其中性化的性感和现代感的奢华风格奠定了其当今的时尚地位。（图2-30）

思考题：

1. 当前中国如果创建奢侈品品牌，在品牌设计与消费理念方面可以从国外奢侈品箱包品牌中借鉴哪些成功的经验？

2. 如何在产品开发的前期确定适合的艺术形式？一经确定品牌的风格之后，是否还需要调整？

3. 是否在大众品牌的设计理念中就可以忽略艺术所占的成分？

4. 你认为应该如何在实际的设计活动中协调好设计师个人风格与品牌风格的关系？当品牌风格与个人风格冲突时，你会采取怎样的解决办法？

第三章
现代箱包设计的基本技能

箱包设计师这个角色对于大多数人来说比较模糊，不像时装设计师那样耀眼瞩目。但实际上伴随着现代箱包业的诞生，箱包设计师就开始发挥着不可缺少的作用了。只是由于服装一直以来都备受瞩目，所以箱包设计师多数时候是处于一种默默工作的状态。而且，早期的箱包设计师的设计活动更多的和生产技术结合为一体，设计师有很多出生于娴熟的打板师或皮革世家，所以也使得人们对他们的定位较低。但是随着箱包设计与时尚产业的联系愈加密切，人们对于箱包的审美性要求日益提高，作为箱包设计师就不能只偏重于技能方面了，必须要全面掌握现代设计知识和基本技能，才能更好地提升自己的艺术设计水平，为人们带来更美好的设计。当今国际上有很多非常优秀的箱包设计师，他们也多是经过专业的设计教育，并且凭借高超的艺术设计水平获得了大家的认可。

第一节 图面表现技法

作为设计师，必须要掌握一种能记录和展现自己设计思想的能力，也就是设计表达能力。图面表现技法一般是指设计效果图的形式，包括草图记录、彩色效果图、款式结构图三个方面。

一、草图记录

草图虽然多数只是自己看，但是却不能轻视，因为它要把头脑中的灵感和设计火花快速、忠实地复制下来，以便能够在今后转化

图3-1 学生的设计草图

图 3-2 Kate Spade 设计的手袋　　　　　图 3-3 学生的手绘效果图　　　　　图 3-4 学生的手绘效果图

为实际可见的形象，所以一定要精准地把最初的重要感觉表达出来。手绘应该是一个最直接和有效的手段，是作为设计师所要掌握的一项基本技能。当然，有很多设计师喜欢直接动手把自己的构思做成模型或实物，但是这只是一种工作方式，还需要多方面的条件来支持，不如随身携带一枝笔和一个速写本来得更好，可以以最快速度把你的灵感记录下来。

设计草图的手绘练习类似于速写练习，但不同的是设计草图没有临摹的事物，要表现的是自己头脑中虚构的形象和想象中的效果，所以难度更大。它不要求图面漂亮和形态完善，看重的是能否最大限度地记录下鲜活的思维活动和闪光点，以及对于空间形体的表现是否准确。除了要有绘画造型原理和技法的基础训练之外，还需要在平常的生活中养成随时用草图记录设计思想的习惯，在此过程中训练良好的速写和素描功力。（图3-1）

[设计师介绍]

美国纽约手袋设计师凯特·丝蓓（Kate Spade）

以设计手提包、鞋子蹿红的美国品牌凯特·丝蓓（Kate Spade）创办人Kate Spade原名Katherine Noel Brosnahan，生于美国密苏里州肯萨斯市。1986年大学毕业后，Kate先在"Mademoiselle"杂志社工作。在时装杂志编采生涯中，她感到美国市场缺乏既时尚又实用的手袋，所以，她离开杂志社去创办自己的品牌，设计心目中最理想的手袋。

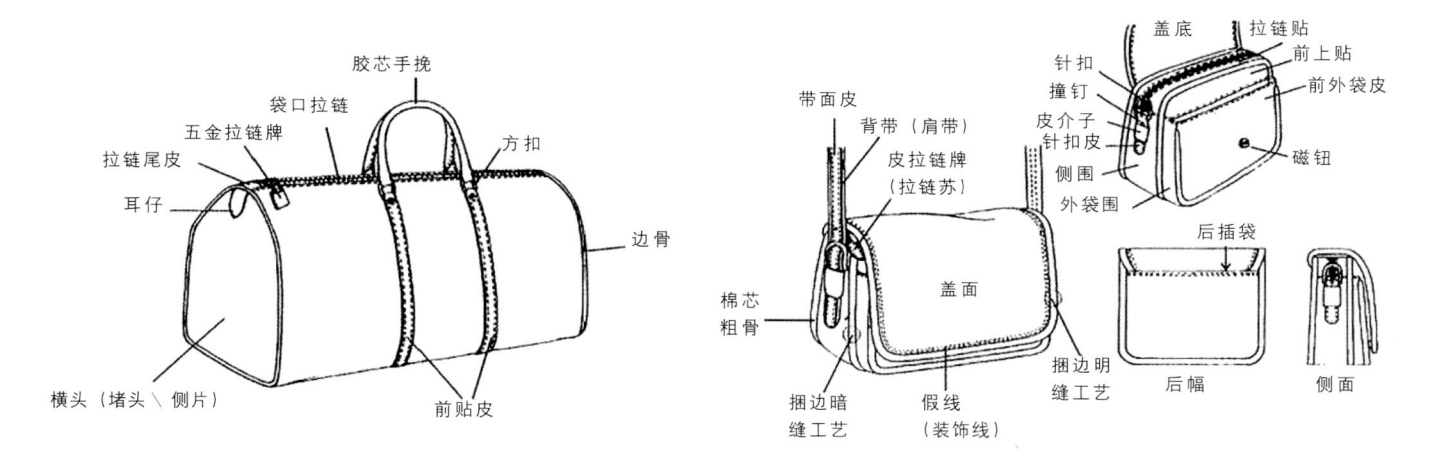

图3-5 国内某企业的工艺图

她在1993年推出首个Kate Spade Handbags系列。这个手袋系列以具有经典外形的手袋为基本，配有缎子质面的尼龙，或是配上其他意想不到的颜色及布料，其效果虽然也新颖，可是在保守的高级手袋世界里，这种运用大胆颜色及布料的创新手法还是很冒险，但手袋传统的外形又使整个设计风格有一个巧妙的平衡。因此，短短数载它已享誉美国潮流界，成为纽约市的一个新兴名牌。Kate Spade款式虽然不是很特殊，可是色彩和面料却很大胆。价钱不是很大牌，既时尚又实用，这些正是凯特·丝蓓最初的设计目标。而且事实证明了这也是都市中有思想和个性主张的一些女性心目中理想的手袋。

1996年，凯特·丝蓓（Kate Spade）获 The Council of Fashion Designers of America（CFDA）颁发的手袋配件类的最佳新人奖（new fashion talent in accessories）。同年，凯特·丝蓓（Kate Spade）便在纽约市开设第一家专卖店。1998年，Kate 荣获CFDA颁发年度最佳手袋配件类的最佳设计师奖(best accessory designer of the year)。（图3-2）

二、效果图和工艺图

彩色效果图要表现产品的造型特点、色彩材质和细节等内容，并通过绘图技巧和艺术化的处理，传达出鲜明的设计意图和风格特征。效果图不同于绘画，有表现侧重点和图面风格，不能一概采用精雕细磨的方式来塑造立体感和细部构造。要求用简洁明快的线条和单纯概括的色彩塑造出构想的作品，不过于强调细节的刻画。形态可以有所夸张，但要表达的设计意图必须准确，并能够使观者明确地感受和理解到这些。因此，要掌握一定的效果图绘制技巧。现在，在企业中一般采用电脑绘制效果图，具有快速、高效和画面漂亮、准确的优势。（图3-3、图3-4）

款式结构图也称为工艺图，是利用线描稿将产品的造型、比例、结构和细节等再做具体和严谨的可行性表现，给打板和制作环节做进一步的工艺解释。箱包的结构图绘制有自己特殊的要求，一般采用视线右前方45°的角度。这样可以将包体的正面和侧面，以及两个面连接处的关键结构都表达完整。一般完整的结构图包括立体角度的线描图、正立面、背面、正侧面、顶视图、包底面，以及细节放大图等。如果包体比较简单，则可只绘制立体图、正立面、正侧面即可，但是包体结构复杂、部件较多时，则需要绘制较为全面的结构图。（图3-5）

三、沟通和语言

现代企业中各个环节之间的分工虽然越来越明确和细致，但是同时意味着相互之间的合作关系更要处理好。设计师要想顺利地实现自己的构思，并积极获取有效的信息和意见，就必须和其上、下游的其他人员保持密切合作。因此，良好的沟通能力是至关重要的。除了图面的表现外，口头的交流意见、问题讨论、阐述设计思想等活动都是现代企业中必不可少的工作方式。因此，作为设计师必须要具备与其他人进行有效沟通的能力；要学习说话，训练自己的语言表达能力；要具有清晰的思维条理，准确而有感染力的表述。

[品牌介绍]
中国最具原创精神的手工皮具品牌——素人

"素人"商标是两个手拉手向前奔跑的人，奔跑象征着积极向上，勇于进取，敢领天下先和一往无前的信念和决心；手拉手表达了人类一种崇高的合作精神，它是人与人之间，是过去、现在和将来之间的一种沟通、理解、激励和真诚，是人与人之间可贵的情感交融。北京阳光素艺皮具制作有限责任公司创立于1993年，是一家产品风格另类的国内知名的手工皮具企业，也是国内较早有自主原创精神和明确的品牌理念的箱包品牌之一。创建者毛书虹和杨宝光夫妇最初是学绘画艺术出身。像所有女孩一样，毛书虹也喜欢购买手袋这些服饰品。但是当时国内市场上充斥的都是形式雷同的产品。于是，她自己买来一块质感厚重的真皮，用手工打孔的方式动手缝制了一款背包，而且由于尺寸计算错误还在背面拼了一块。但正是这款包开启了她的创业之门。那种风格淳朴，充满艺术韵味的形式、随性的手工以及品质优良的皮质打动了每一个看到它的人。可以说当时这种风格是绝无仅有的。

现在，品牌已经从一个个人的手工作坊发展成为一个占地面积2500平方米的大公司，每年批量生产数百种款式的皮件产品，以中高档价位的皮具为产品主流，还增加了手工缝制的真皮皮鞋系列。拥有一流的产品设计团队，所有的设计师都具有正规艺术院校设计专业的学历。但是它仍然坚持手工皮革制作的风格，产品每道工序都是由技术高超的技工、技师用手工制作的，件件个性鲜明，做工考究，选料为进口或国内的上等真皮。所以，"素人"品牌的产品，在市场上都是难得的珍品。人们喜爱"素人"，不仅在于它是一个纯现代手工的、艺术化的产品，而且还在于它的质朴而含蓄，简洁而诚挚的风格，达到了与人的心灵一种持续的、令人久久难以释怀的共鸣。在以流行性的产品为主流的当前市场，它虽然显得淡然沉静，但别具风韵。面对国外大牌以及国内箱包品牌的市场挤压，素人不被眼前利益所诱惑，不盲目扩大规模和产品类别，坚持自己的品牌创建初衷和非主流的独立风格形象，不断在自己的经典产品上钻研创新。因而，有人说，因为有了"素人"，中国皮具让意大利人也感觉很地道。（图3-6）

图3-6　素人专卖店店面

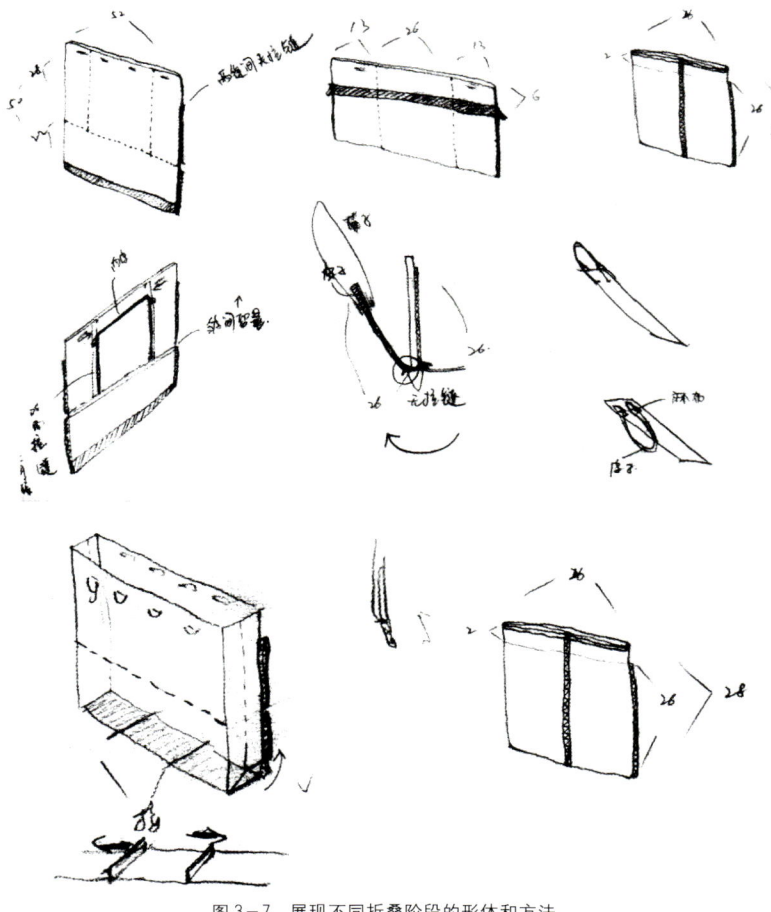

图3-7 展现不同折叠阶段的形体和方法

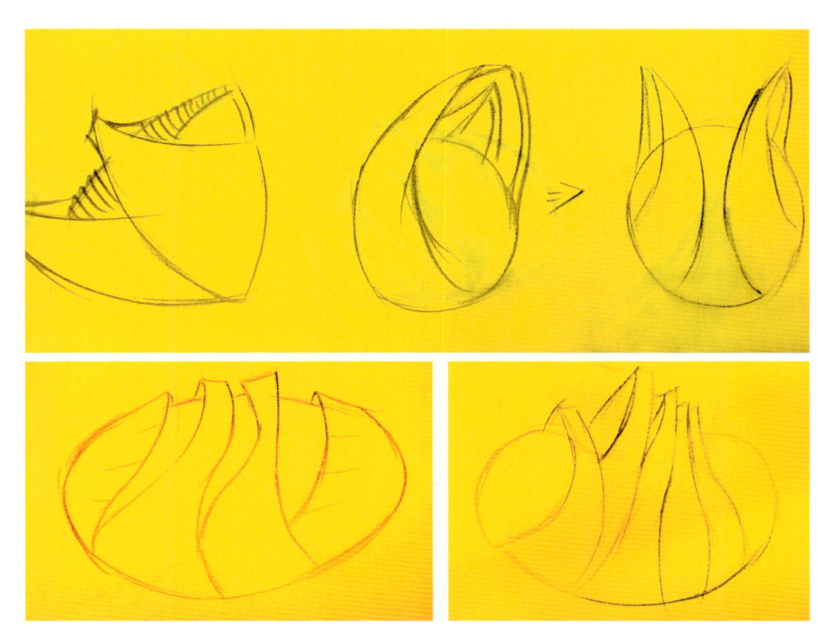

图3-8 对不同表现手段的选择和思考

主题设计训练：

1.快速的设计绘图表现训练

快速和准确是此项训练的要求，学会捕捉自己思想的火花是获得成功设计的关键，而长期大量的笔头训练才是获得这种能力的前提。因此，在确定设计命题之后，大量绘制草图。并且不要做好坏的评判，就算只是一个细节和不成熟的概念也不能忽视，任何灵感和构思都要忠实地表现出来。不要涂抹掉最初勾画的幼稚形象，保留自己思维的过程。这样可以在完善过程中始终把握住最有价值的部分而不至于迷失方向和感觉。

通过不断地勾画和不断地修改，最终有一些构思会呈现出独特的艺术形式和有意义的创新，而且在各个方面得到了完善和合理化。以下为部分设计草图和其修改过程。

草图系列一：

学生：隋园坤

设计的核心是可以通过折叠而方便地改变包体的大小、功能和使用场合。草图显示了对不同手段的尝试。（图3-7）。

草图系列二：

学生：王泽丹

对于封闭和开放这两个对立的空间概念的表现形式，像孵蛋破壳的一瞬。（图3-8）

33

图3-10 学生在陈述作品的课堂情景

2.对自己设计作品的阐述

作品评论会：

对自己作品的说明，向老师和其他人做出清晰的解释。教师在此过程中拒绝为语言混乱的学生做注解。

此次作业是有特定使用对象的，每组学生均为同一名女生设计一款实用的手袋，最终要由这名女生决定她喜欢的包款。这个作业更像一个竞赛游戏，过程充满挑战性和趣味性，而结果又是不可测定的，是设计师各项能力的综合体现。

首先需要的就是如何与使用者进行语言沟通，以获得多方面的信息来支持设计；当你不善于或不敢去和她交流时，你就会先输在起跑线上；而最后的当场陈述是否能打动使用者的心也是相当重要的一环。

图片系列一：

这是其中一组学生在设计前与使用者交谈后记录的信息资料手稿。（图3-9）

图3-9 对使用者的访谈记录

图片系列二：

最后结课时，学生们陈述自己作品的现场。包括设计者解释自己的作品，回答其他人的问题，以及使用者在试背这些为自己定做的手袋作品。（图3-10、图3-11）

第二节 实践制作技能

设计是不能只停留在纸面上的，它最终是需要得到实际的作品结果才算完整。设计思维本身只是一个感觉的过程，必须在针对某种特定材料进行创作时，才可能找到真正意义上的形态，或创造出新的形态来。所以不能只把设计当做理论来学习，需要亲自动手，实践能力的训练是必要的后续环节。

图3-11 造型别出心裁的包体

一、空间造型能力

箱包是一个空间腔体，因此，设计构思的实现和创新都会更多地围绕着造型的塑造和突破来进行。所以，要有立体的思维方式，如何通过材料自如地塑造各种形体，如何在最大限度的功能性满足之外赋予使用者更新奇的造型和更美好的审美享受，这是培养空间造型能力的最终目标。

在设计构思确定之后，可以利用纸张和其他材料来把图面效果制作成实体。这是一个检验和完善设计效果的必要环节。图面的设计想象和真正的实体效果一定会存在很多差异，甚至有很多图面想法是不可能实现的。只有一次次地认识到这些问题，并且采用各种手段去克服和解决它之后，才会使你的空间思维方式真正建立起来。而在此过程中不仅有挫折，还有收获。一些意外的惊喜和未知的状况，会带给我们新的启发和灵感。所以，空间造型能力的训练，就是通过大量的动手实践来体会形体变化的无限可能性，学习不同的造型手段，并以此来促进思维的拓展和活跃，使我们树立不断创新、勇于改变旧模式的思维意识。

［专业知识］
箱包的样板制作和CAD/CAM系统

箱包从设计图到实物的转化过程中，有一个重要的环节就是制作样板，即确定部件和结构、细节标注，并设计整个工艺制作流程。我国的企业也将这个环节称为出纸格或打样板。箱包的制版有自己的特点，一般来说都是对称图形，就是部件的外部轮廓都可以沿一条垂直或水平的对称轴线（或称中心线）对称重合，这也是箱包本身形体的要求决定的。所以在制版时就首先要把纸沿对称轴折叠，然后只需绘出部件形状的一半，即可得到对称的完整图形。这不仅节省了大量的工作和时间，还确保了图形对称的精准性。

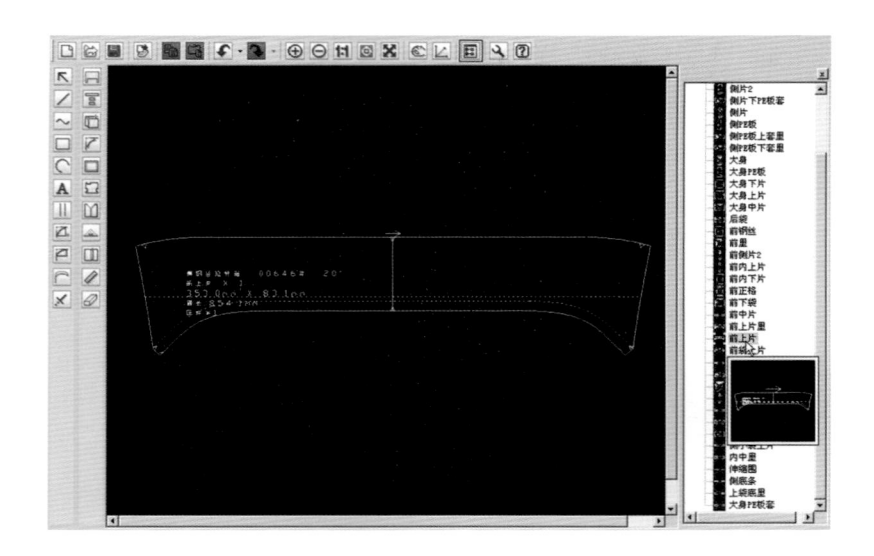

图3-12 国内某箱包CAD软件的工作界面

手工制作样板是多数企业一直以来采用的方式。但是一款包的样板少则十几块，多则达到四五十块，这就存在着制作效率低、修改繁琐、准确率不易保证的缺点。所以，现在国内外均已开发出了功能强大的电脑CAD/CAM系统，可以在电脑上准确地完成样板的设计和图形绘制，并连接到高精度的自动切割系统上迅速输出。配套的其他一些功能也相当完备，如为打版师提供配料功能，系统自动算出原材料成本表；系统将不同样板导入到排料系统，可以选择需要组合的各个样板组成刀模，然后用刀模进行排料；计算机按照面料的门副和刀模的数量自动产生排料图等等。(图3-12)

二、制作工艺技能

任何设计效果的实现都必须依赖当前成熟的技术条件和工艺制作水平，不可能凭空想象和肆意妄为。在实际制作中，即使是一个简单的包体也需要很多复杂的加工环节，工艺制作的合理性是保证成品品质和实现设计效果的客观条件。并且，制作工序也决定着最终的成本。现代箱包的生产与服装等其他服饰品生产一样，还具有手工化程度较高的特性，属于劳动密集型产业。因此，人工是其成本最主要的部分。在了解工艺制作技术的基础上，如何运用恰当的制作工序，并在合理的成本控制下得到最好的成品效果，这是设计师在每一次设计活动中都要不断攻克和学习的课题。

国外一些历史悠久的名牌箱包，它们的产品设计常常会成为各个时代的经典，散发着恒久的魅力。细细分析就会发现，它们在掌控制作工艺和设计思想这两者的平衡关系方面非常纯熟和老道，可以说是达到了将技术进行艺术化运用的高超程度。技术在这里不是僵化的，也不是阻碍，而是有力和巧妙的手段，可以实现各种充满想象力的大胆创意。这无疑是来源于品牌多年来的技艺积累和沉淀，已经将其完全融汇于设计思维中，而不需要刻意去注意它的存在与否。(图3-13)这一点也是我们长期的学习任务。虽然中国的箱包加工水平已经很高了，可以为世界各大名牌加工产品，但是毕竟只有短短的30年发展过程，和国外上百年的历史相比，还是刚刚起步，需要学习和掌握的东西还非常多。而作为专业的设计师，更不能把自己放在高高的位置上。相反，一定要深入到实际生产中了解自己从事的这个行业的技术特点和发展动态，去体验工艺对于设计具有什么样的意义。还要善于从制作技法中获得启迪，将工艺美的内涵挖掘出来，并予以艺术化的表达。

所以，实际工艺的操作是教学中的重要环节。尤其要强调依照工艺流程亲自完成自己的设计作品，在实际操作中不断完善自己设计效果的课程训练。作业的完成效果并不是最重要的，在此过程中尽可能多地去学习和感悟才是

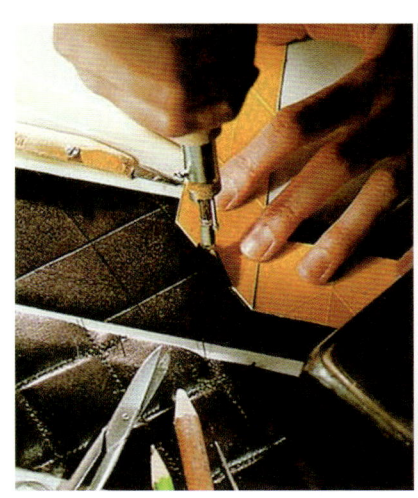

图3-13 夏奈尔2.55手包的制作环节

目的。并且这个过程不是一两次,只有更多的实践才能发现问题,才会有总结和提升。

[品牌介绍]
制皮技艺炉火纯青的奢侈皮件世家——西班牙罗威(Loewe)

罗威(Loewe)品牌创建于1894年的西班牙马德里。创始人恩里克·罗意威·罗斯伯格(Enrique Loewe Roessberg)1844年出生在德国,有着多年制作皮革的丰富经验。1872年他来到西班牙加入了当地一家由众多皮革技师组成的制皮工作坊,这就是罗威品牌的前身。主要制作皮革小盒、相架、皮袋、皮包、烟丝盒等精致皮革用品。今天的罗威在皮革技艺上已经达到了炉火纯青的境界,甚至成为顶级皮革的代名词。

图3-14 罗威经典的Amazona手袋

自19世纪开始,罗威已是西班牙首屈一指的品牌,其著名的皮革用品以及时装饰物,手工细致精巧,具有浓厚、浪漫、古雅情调的地中海文化色彩。也许因为创始人是德国人的缘故,罗威的设计精神兼具德国人坚毅的斗志和西班牙人的灵活创意,并以精选的好皮革和细密的镶嵌技术著称。1905年它被正式委任为西班牙皇室的特许供应商,从此奠定了其超然的地位,更赢得了世界的认同。

多年来品牌虽然名声远播,但它长期坚持低调的品位和经典的创作。2008年1月配饰设计师Stuart Vevers新任创意总监一职。Stuart Vevers曾任路易·威登的手袋设计师,以及玛百莉(Mulberry)的艺术总监,并在Mulberry创下骄人成绩。他带来了时髦、前卫的新鲜气质,为品牌设计的2008秋冬包款一反以往端庄的淑女形象,注入大量运动及实用元素,各式大锁扣既工业化又趣味盎然,材质与颜色大胆搭配。(图3-14)

37

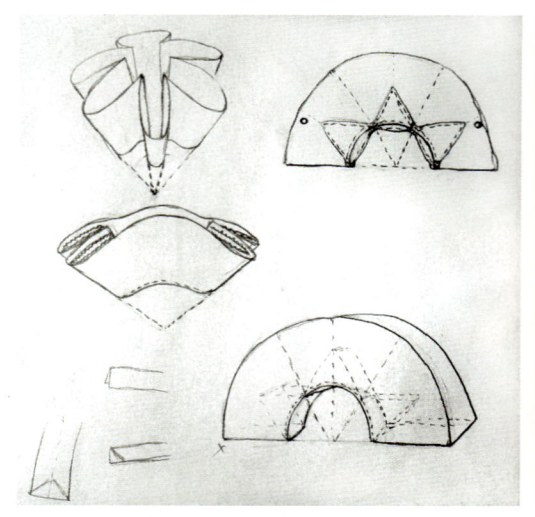

图3-15 折叠效果构思和最后效果

主题设计训练：
1.利用白帆布完成创意造型

创作主题："随意的包裹","包裹随意的物品"。

抛开箱包这一概念，自由地想象和制作出独特的立体形态，可以采用任一种奇怪的包裹方式，也可以包裹任一种物品，甚至是虚拟的、抽象的概念——时间、世界、水等等。结构并不重要，可以看起来什么也不是，但一定不能让它是一个具体的箱包。重要的是在此过程中学习和探索各种可能的造型方法和实现手段，获得有独特意味和视觉冲击感的形态，真正挖掘和掌握自身的创造力，形成强有力的自我决定能力。

这个作业在刚开始进行时，很多学生无从着手，总是追问到底要做什么东西？为什么我们不直接去做一个包？草稿上的图形贫乏而无奈。有的将白帆布折叠成了具象的纸鹤、虫鸟等造型，有的将原有手袋造型改变得非常怪异……表明了思维还处于惰性状态，或造型意识无法突破常规的矛盾状态。

这时教师不需要去为学生解释过多，要把设计的掌控权全部交给他们自己，使其学习完全建立在多样性、差异性和自由性的基础上。唯一要做的事就是把白帆布交给他们，让他们去扭曲、折叠、分割、撕扯、破坏，设计思维就会在和白帆布的接触、对抗、磨合中开始活跃和生动起来……

学生一：陈龙华

只在一块椭圆形的部件底部做了一些剪口，就可以折叠成多重的自然形态。（图3-15、图3-16）

图3-16 展开形式和包的底部

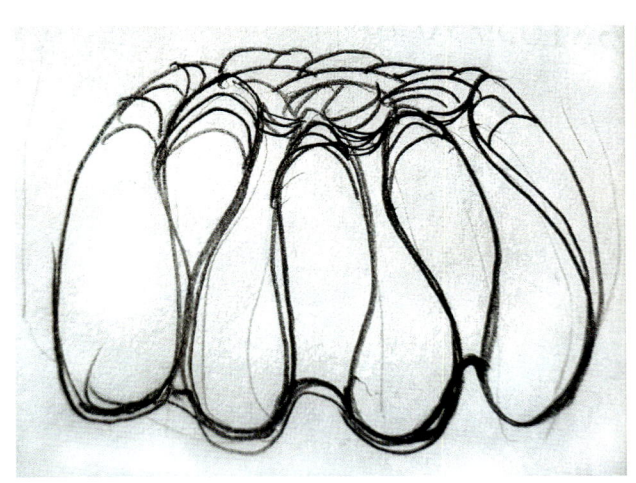

图3-17 细碎的部件结构和效果

学生二：刘坤

被结构复杂而精妙的纸艺品所吸引，借鉴其造型手段。

（图3-17）

学生三：舒展

充满热带植物的特点，丰润的茎，茂密的枝……

（图3-18）

2．实际操作完成自己的作品

从材料选择到制作样板、缝制实物整个过程的实践操作训练。

把自己的设计效果图转变成实体产品，其中经历的困难和学到的技能、坚持和变通、挑战和克服、惊喜和失望等等，会使每一个人了解到完美的产品形态是如何实现的。在此过程中，通过自己的体验来感悟设计思维与具体实施的关系。

以下为本专业学生在箱包制作课上制作箱包时的工作情景。

（图3-19、图3-20）

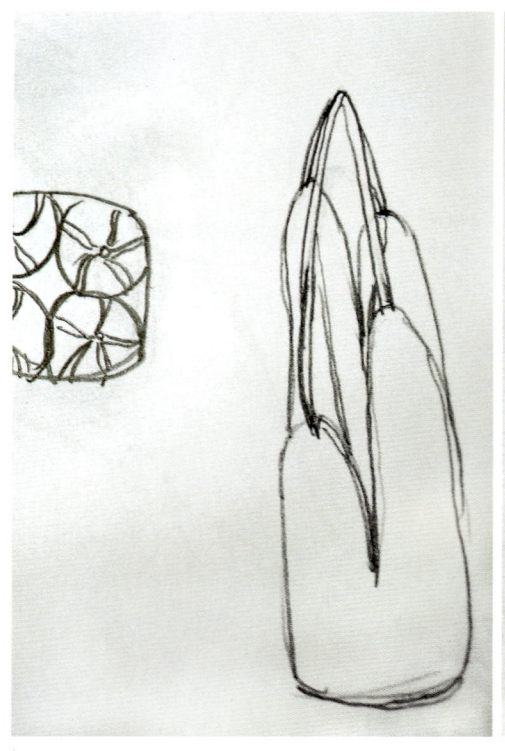

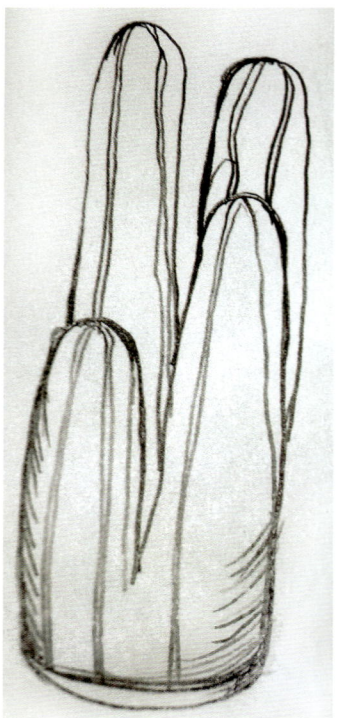

图3-18 像植物一样的有机造型

图3-19 在工艺教室操作以及技术辅导

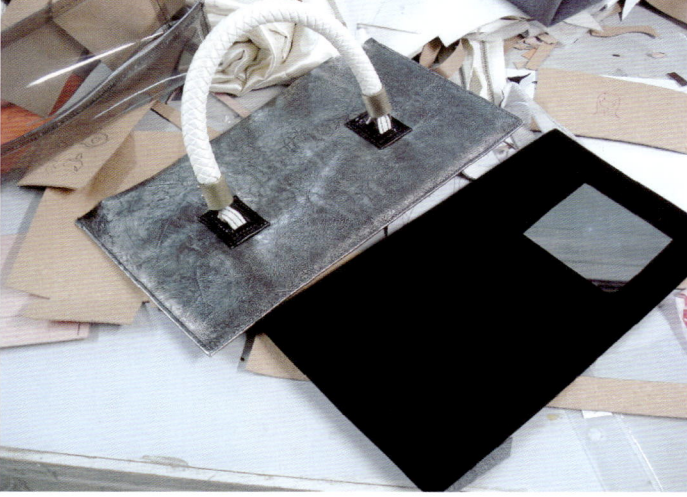

图3-20 部件粘合工序以及做好的半成品

第三节 形成设计理念的方法

说到理念，会使人感觉比较抽象，好像与设计的艺术特性有些相悖。但实际上，人的一切行为均源于思维，有什么样的思维活动，就会有什么样的行为方式。理念就是指导行为的看法、思想，这两者是必然的因果关系。所谓设计理念就是指设计的着眼点和指导纲领，是设计思维的根本所在。缺少明确的设计理念是不会产生任何有意义的设计成果的。

一、获得设计灵感

设计理念的形成直接来源于灵感，"灵感还是创造性思维过程中认识飞跃的心理现象，是一种最佳的、暂时的创造状态"。因而，获得灵感是设计开始的第一步，好的设计创意往往是灵感闪现的结果。作为设计师，大概一生都在追求的就是能够不断获取独特的灵感来启发自己的创作思维。(图3-21～图3-24)

灵感虽然有点神秘，难以捕捉，但绝不是某些人特有的天赋，而是可以产生于每个人头脑中的。不过灵感的获取也不是凭空产生的，当我们苦于思维枯竭的时候，往往是没有为灵感的形成铺垫好必要的条件。产生灵感的条件包括以下几个方面：

1.广泛并能相互联结的知识背景，积极、持续的创造性思维活动

空洞的大脑自己是不会产生灵感的，因此，在设计初期往往要进行大量的资料收集和对素材的分析研究工作。因为灵感只会降临在那些有准备人的头脑中，它是需要经过量的积累，以及对一个问题持久不懈的探索研究之后才会产生的质变。除了在设计任务开始时需要有目的性的收集相关的资料外，在平时也需要随时观察周围的世界，了解各种信息，搜集大量有价值的资料，储备各方面的知识。只有这样才能具有充实的头脑和宽泛的视野，为灵感的产生创造出取之不尽的宝藏，使设计灵感不断涌现。

2.愉快、放松的情绪

宽松的环境和自然的思维状态。过于急功近利的心态和焦虑的心情会影响灵感的出现。我们都有这样的经验，当你将得失始终挂在心上时，头脑往往一片混乱；反之，在对得失无所谓时，却能很快找到正确的思路。

3.有意识地摆脱习惯思维的束缚

沿袭标准的思维方式和别人的思路去解决问题是灵感产生的最大障碍。发散性的、跳跃性的思维，以及独特的观察角度等等才是创造性的思维方式。而且，创造性思维更应该是一种形象思维。

4.学会发现和记录灵感

比如随身常备有速写本，以帮助自己随时保留稍纵即逝的灵感和头脑中闪现的画面。

图3-21 形态的启示和联想

图3-22 打开神秘的宇宙

图3-23 洒脱的心态流露

图 3-24 材质带来的灵感

图 3-25 以瓢虫为灵感的设计

图 3-26 2009年夏奈尔春夏巴黎高级定制秀

5. 掌握各种创造性思维方法的技巧

创造性的思维方法有很多,比如联系思维法、反向思维法、求同求异思维法、集体创意法(头脑风暴法)、列举思维法、类比综摄法、奥斯本发问法等等。比如类比综摄法,分为类比和综摄两个思维阶段。它首先是运用类比法把陌生的问题或对象变为熟悉,可借助于分析的办法把它与熟悉的事物进行对比,然后是综摄法的过程,即运用新知识或新角度,把熟悉的事物转化为陌生。其关键是找到毫无关联事物之间的某种类似之处。比如,将瓢虫和手提包放在一起类比,找到了外轮廓型和圆形装饰图案之间的关联。(图3-25)

二、形成设计理念

就设计行为而言,它既包含了直觉的创造力,又包含了理性的控制力,这是一个矛盾的统一体。我们在创作前期获得灵感启发的阶段,需要打破理性的控制和束缚,主要是直觉和形象思维方式。但是之后的设计行为中如果没有理性的控制,那么所创造出来的形态就会只停留在艺术形态阶段,而不是我们想要的设计产品。所以,灵感最终必然要上升为设计理念才能用于指导设计行为。如果一直停留在感性的、片段式的直觉阶段,只依靠无形的感觉来支撑其整个设计活动,就会造成设计目标和活动的混乱化和随意性,最终无法预知和掌控结果。因此,必须要找到可以支撑的、有意义的设计理念,以便更好地去诠释和运用灵感。

设计理念应该是从灵感抽取出来的概括性的语言描述和判定,它是对于直觉和形象思维的抽象和归结,因此才具有指导性纲领的意义。比如设计师在介绍自己的作品时,会采用很多关键的词语和句子,而这些其实就是他们在阐述自己的设计理念。如2009年春夏巴黎高级定制秀上,夏奈尔的设计系列:"……以白纸为灵感,整个系列干净、素雅而堪称完美……一袭白纸,是卡尔·拉格菲尔德以时尚回应当下的语言,既符合时局,又保留了不卑不亢的优雅,世故而精妙。"当我们欣赏其作品时,就会感受到这种理念的切实存在,而且深刻体会到在这种理念指导下,服装的线条、色彩、装饰和形象塑造是如何表现出独特的光彩的。(图3-26)

作为设计师,在学习和实践过程中,要有意识地培养自己的设计理念。但是很多人对于设计理念、风格和趣味的理解常常会产生混淆,在实施具体的设计时,把对于细节、用色、材料等所具有的个人特殊爱好看做是设计理念,而这不过是一种具体的手段,是个人设计趣味的微观表现,不是赋予产品内涵和个性的理性纲领。追求标新立异的设计取向、花哨的形式或个人趣味的拼凑并不能代表完整的设计理念,相反,只有具备了设计理念,才会在设计作品中传达出设计风格,使个人趣味的处理更加生动而有意义。

设计理念中包含了很多设计师个人的东西,与设计师个人的价值观、设计经历和艺术涵养有很大关系。同时它还不可避免地带有时代的烙印。社会

图3-27 功能性与艺术性结合的设计理念

图3-28 注重形式美感的设计理念

环境、自然环境、人文环境以及自身的性格等特征都会对设计师理念的形成产生影响。而面对相同的事物，不同的人所受启发的角度和深度，以及最终形成的理念都会产生很大差别。良好的社会环境的熏陶，自觉的学习，积累设计经验、洞察社会的整体氛围，提升素质涵养，都是形成成熟设计理念的必要条件。（图3-27、图3-28）

[链接]
当代设计理念的几种典型类别

指导当代设计行为的理念尽管在说法和称谓上不尽相同，但概括起来，典型的设计理念主要有以下几种：1.极端主义，在表现方法或技术上追求近乎极致的完美，更多的成分是技术至上主义；2.中庸主义，安于现状，依赖主流设计，有较好的市场性。其变体为保守思想；3.唯美主义，忽略使用功能，强调形式美感。其变体为新古典主义；4.现实主义，根据主流社会的品位，重视产品固有价值，强调功能性与艺术性结合，尊重价值与价格规律。其变体为后现代主义；5.科技主义，重视技术美感，常过分依赖新技术、新材料，科技至上；6.功能主义，将产品功能性视为唯一，忽略其他美感设计的重要性；7.先锋主义，激进的、致力于探索前所未有的形式，认为最新奇的才是最好的；8.人本主义，以人的需要为出发点，以人体工学为设计依据，生理需要、心理需要、生活需要、认同需要等是其设计的准绳。

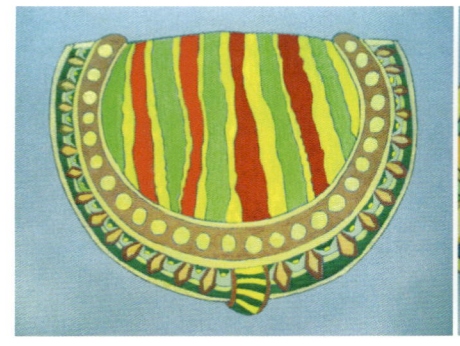

图3-29 3款设计图

图3-30 启发设计灵感的色彩和形象

主题设计训练:

组织学生参观博物馆,找到灵感,做文字记录和草图笔记。之后搜集相关资料来进一步丰富和拓展思维,确定设计理念,设计一组能反映明确的创作理念来源的女包。

博物馆是汇集人类文明的场所,不仅是服饰类,像陶瓷、雕刻、珠宝、绘画等,甚至展览形式都可能给观者带来很多灵感启示。虽然大家看到的是相同的内容,但是由于个人的感受和兴趣点各不相同,所以表现出来的理念和面貌也应该是各具特色的。

学生一: 姜瑜

前些日子观看了世纪坛的世界古代文明展,对于它们的色彩尤为喜爱,那是一种深沉而又有韵味的颜色,有一种神秘和复杂的气息。

在设计中混杂了我最喜欢的古埃及、玛雅文化和俄罗斯民族服饰的典型色彩。因为我认为它们虽然分属不同历史时期和地域文化,但是漫长的历史赋予了它们相同的色彩蒙版和文化韵味,所以放在一起不仅不会冲突,还有着生动的感觉。因为最终我并不想强调作品是受哪个明确的民族或文化的影响,重要的是想把我从它们那里感受到的共同印象抽取出来、表达出来。

灵感来源的相关图片;色彩板;效果图。(图3-29、图3-30)

学生二: 刘璐

神秘的埃及艺术品深深吸引了我的视线,各种装饰形象和线条形式是我最为感兴趣的部分——残破的法老额头上用来放蛇的"洞口"、胸饰两边有序的线条、太阳神的传说、石板上的象形文字和人物、猫神和生命的钥匙形象等等……

竖线排列形式成为包体主体表现形式,象形文字、太阳神成为背带的装饰纹样,猫神和钥匙则可以直接作为金属配件来使用。这些古老的造型为现代的包袋增添了个性和强烈的气息。

灵感来源的相关图片;色彩板;效果图。(图3-31、图3-32)

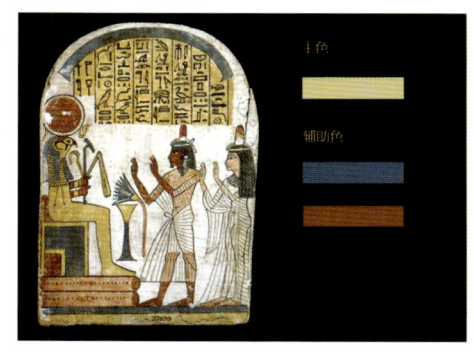

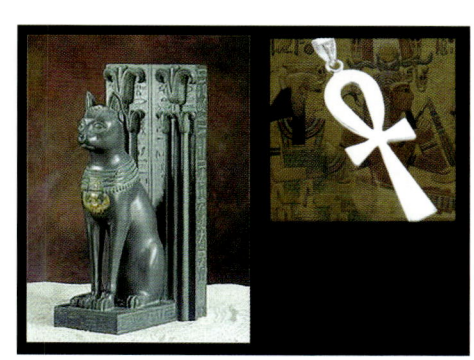

图3-31 4款设计图　　　　　图3-32 带来启发的造型形象和色彩归纳

设计练习：

1. 以白色打印纸为素材，也可借助一些简单的辅助工具，如胶水、双面胶等来塑造一系列空间形态。主题为"空腔"。

2. 4~5人一组，共同讨论一个话题、一部电影或一首乐曲等等，释放自己真实的感受和喜好，在交谈中获得启示和灵感，找到各自感兴趣的部分，以此来发展出设计理念进行创作。

3. 国外一些设计院校的教学体制中，并不要求学生一定要掌握熟练的绘画技能，只要用各种方式来很好地表达出自己的设计构思即可。你是否认同这种教学思想？

第四章
现代箱包设计元素的运用

第一节 造型设计

造型是箱包设计要素之一。箱包的造型不同于服装、鞋类,它更为独立,形态变化可以非常自由灵活,只要能满足盛放物品即可。但是箱包的造型也具有自己的特征,可以从三个方面来认识和把握:外轮廓型、体积感和软硬度。

一、外轮廓型

在人们的印象中,方方正正的箱包是最为多见的。从盛放物品的实用角度来看,方正的造型确实比其他任何形状造型的箱包的内部容量都要大,而且利用率高,视觉的稳定感较强,使用起来也最为方便。因此,箱包比较常见的轮廓型主要有长方形、正方形和梯形等规则的几何体。

我们看到的一些比较传统款式的箱包,基本上都是线条单纯明确、造型简单规整的方正轮廓。其设计思想是强调功能性、经典性,同时与服装形象的严谨、正式等整体特征相适应。随着整个社会时尚不断向休闲化和个性化的转变,各种新奇轮廓的箱包越来越多了,打破了过去呆板的印象。尤其是在时尚手袋的设计中,审美需求和个性的表达成为设计的新重点,为了配合设计思想出现了如圆形、半月形、三角形、多边形、不对称形、各种异形等等。(图4-1)

图4-1 造型设计独特的包款

图4-3 圆角的柔美包体

图4-2 经典的夏奈尔2.55包款

图4-4 尖角的挺括包体

[链接]

夏奈尔Chanel经典包款——小巧方正的2.55包

夏奈尔的2.55手提包是在1955年的2月设计推出并以此命名的。这款外形简单方正的小包，造型挺括，线条简练，没有多余的装饰。其最为经典的设计就是穿插着皮革条的金属链长肩带和菱形的衍缝纹样。长肩带可以将手袋优雅地背在肩上，从而解放出双手，体现了对于女性独立精神的追求。这款包的设计就如夏奈尔的服装一样，既满足功能，又极具风格，体现了设计师对于简单的构想深入挖掘最大潜力的杰出才能。（图4-2）

另外，在方正的基础上，还常常通过边线和包角的变化来获得变化，产生丰富多样的样式和风格。比如箱包的上边线，即一般包体的开口处，线形的变化就是一个常见的设计点：平直的线条，向上凸起、向下凹入的圆弧线或自由曲线等。两条侧边的形式也可向外凸出或向内凹陷，从而形成酒桶形、腰形等变化形式；包角的变化主要是角度和形状的变化，是直角还是锐角、钝角，两条边线相交是尖角还是圆角，以及圆角的大小等。（图4-3、图4-4）

图 4-5　精巧轻便的款式

图 4-6　实用感强的款式

图 4-7　2006 年爱马仕的 Lindy 包

图 4-8　侧面夸张凸出的款式

二、体积感

包体的体积感取决于实际的高度、宽度和厚度这三个方向的尺寸大小，以及厚度与高度、宽度的比例关系。厚度大的包体给人感觉有很强的功能性和体积感，有厚重、醒目、坚实、豪华等印象；而厚度小的包体，则立体感较弱，显得轻薄、纤弱，但是也给人雅致、精巧的印象。(图 4-5、图 4-6)

因而，不同的包型在人们的印象中都会有一个相对固定的比例关系，即对体积感的认同。无论是厚重的还是单薄的包体，只要是符合了包体的使用特征和美的比例原则，就能产生和谐的整体感，给人平衡、稳定、端庄、朴实的感觉，适合一些比较传统、经典，或保守、大众、突出功能性的设计。相反，可以通过刻意加大或减少厚度与长、宽的比例关系来求得创新，改变刻板平淡的造型，获得新奇的设计感觉。爱马仕在 2006 年推出的 Lindy 系列，给人一种视觉上的新奇感。(图 4-7)因为它的厚度远远大于宽度和高度，完全打破了人们的视觉惯性和使用习惯，使我们在刚刚看到它时有一种无所适从的感觉，不知道怎样去定位它的方向。但是当我们把两个提手合拢携带时，包体上部自然就变窄了。

图4-11 半定型包

图4-9 硬包（定型包）

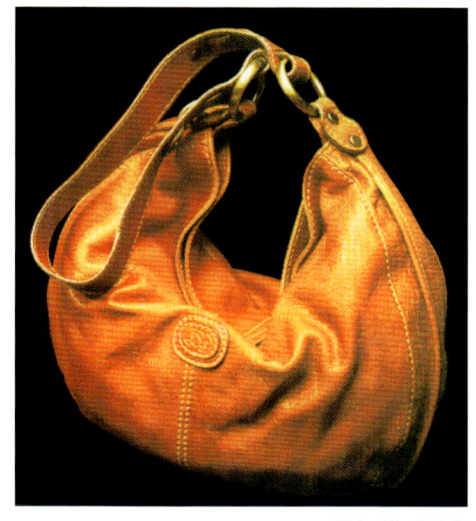

图4-10 软体包

同时，侧面的形状对体积感也有一定的影响。多数包体的侧面是简单的长方形。为了降低侧面的厚重感而又不损失功能性，还可以采用上小下大的梯形造型，从而产生逐步收缩的感觉。还有一些圆形、向外凸起的弧线形等，显得体积感更强，款式变化更丰富。(图4-8)

三、包体的软硬程度

包体的造型还有一个很重要的表现方面，就是它的软硬度。硬包，也称为定型包,(图4-9)造型稳定，轮廓型明确而硬挺，在主要部位会用硬纸板、塑料等定型材料来辅助造型，所以容积不会有伸缩，也不会因为盛放物品而变形；软包则不加硬质的定型材料，造型有一定的可变性，也易于伸缩，盛放物品后会因为重力作用而向下拉斜走形。(图4-10)

在20世纪前期，硬体包曾经非常盛行。以造型严肃、线条硬朗的男士公文包，以及廓形优美，制作精致平整的女士正装包、小坤包等为典型。侧重于塑造明确的轮廓型，显得高贵、华丽、典雅，但是也会显得有点冷漠、僵硬。在当代时尚潮流中，软体包则成为时尚主流。虽然软体包的廓形较松软，不如硬包显得气质高贵，但是它的设计理念就是打破固定僵化的造型，使之更趋向随意、洒脱，使用起来更加舒适和自如。在功能上有极大的包容性，而且设计风格多变，更符合现代人那种无拘无束的着装气质。

在定型包与软包之间还有一种过渡的类型，也称为半定型包。就是在包体某些部位加有一定塑型的辅料（如高密度海绵等），如在袋口、前后幅面等重要塑型部位，或设计特点突出的醒目部位。而其他部分则比较放松随意。这种类型的包体兼具了定型包和软体包的优势，既精致有型，又舒适自如，显得刚柔并济，在着装搭配风格和携带场合的适应性上更为宽泛。(图4-11)

图4-12 1924年第一款Keepall Bag

[链接]
路易·威登经典品牌包款——柔软实用的 Keepall Bag

　　Keepall多用途包于1924年由路易·威登设计并推出，是"长条枕"形现代箱包的鼻祖，现在也称其为"Speedy Bag"。全封闭箱形外观，侧面是宽大的圆拱形，双条立体短提手。其皮革质地柔韧，在不用时可以轻松地折叠起来。它最初被放置在扁平的旅行箱中与之配套使用，后来独立出来自成一体，成为路易·威登产品中最负盛名的一个品种，也是大号旅行包中最经典的款式。20世纪60年代后，它又从手提旅行包跨越为日常用的手包，衍生了小号的设计款，既便于收纳物品，又轻便小巧。(图4-12)

第二节 结构设计

　　结构即是利用平面的裁剪和组合、拼接、支撑等手段来完成立体的形态，是塑造形体的核心要素。

一、基本结构

　　立体的箱包是由不同形状的平面部件，按照一定的方式和顺序连接组合而成的。简单的结构可以是只由一个部件缝合成立体型，复杂的结构可能是有几十个部件缝合成立体造型。各个部件之间有不同的连接方式，一定的结构设计不仅最终决定了包体的形态特点，也决定了制作时的连接顺序和工艺。

　　虽然现代箱包的造型和外观变化多端，从其构造方式上分析，则主要有以下几种常用的基本类型。

1.由前、后幅构成的造型

　　组成部件最少，只有前幅和后幅两个部件，虽是最简单的造型方式，但

图4-13　由前、后幅构成的较薄的包型

图4-15　由前后幅面、侧围条构成的包型变化之一

图4-14　由前、后幅构成的有一定厚度的包型

图4-16　由前后幅面、侧围条构成的包型变化之二

是通过驳角结构的设计，也可以塑造各种有厚度的立体空间形体。（图4-13、图4-14）

2.由前后幅面、侧围条构成的造型

这是一种最为常见和简便的立体结构，由于前、后幅面是独立的部件，所以很适合于对正面形状的外轮廓型做各种变化，如不规则形、有机形等。侧围条可以是一个完整的结构，也可以是只有两侧和底面。（图4-15、图4-16）

3.由大面和横头构成的造型

这也是一种比较常用的结构，大面也称为大身，是指包括了前、后幅和包底的一个完整的部件。这种结构中横头是设计的重点，在轮廓型上可以做丰富的变化。横头也可以是左右独立的，也可以是与上面相连的，称为连围结构。（图4-17、图4-18）

4.由前、后幅和包底构成的造型

由前、后幅连接形成一个封闭的筒状，然后再与包底缝合成型。具有流畅、柔和的轮廓形体和较大的内部空间。（图4-19、图4-20）

图 4-17 由大面和横头构成的包型变化之一

图 4-18 由大面和横头构成的包型变化之二

图 4-19 由前、后幅和包底构成的包型变化之一

图 4-20 由前后幅和包底构成的包体变化之二

5. 整体成型的造型

采用现代化的技术，利用材料的特性和模具，一次性热压热塑成型。多用于塑料、聚乙烯材料（ABS、PP材料）、合金等材质的加工。相对传统的缝合方式而言，它有更强大和自如的塑形能力，组合便捷，产品质量高，外观也极具科技美感。(图4-21)

[链接]

20世纪50年代的塑料手包

许多早期的塑料手包被制成简单透明的盒式或圆形。随着塑料加工工艺的成熟，复杂华丽的塑料手包被大量生产出来，有的模仿传统风格，有的模仿皮革纹理或锦缎图案，但也有的非常独特。但是塑料包的档次注定不会很高，所以越来越多地运用于廉价的、富有青春气息的手包上。虽然今天看来它们显得低廉和滑稽，但是却是箱包材质发展史上的一个重要阶段。(图4-22)

图 4-21 整体成型的包型

图4-22 20世纪50年代的塑料手包

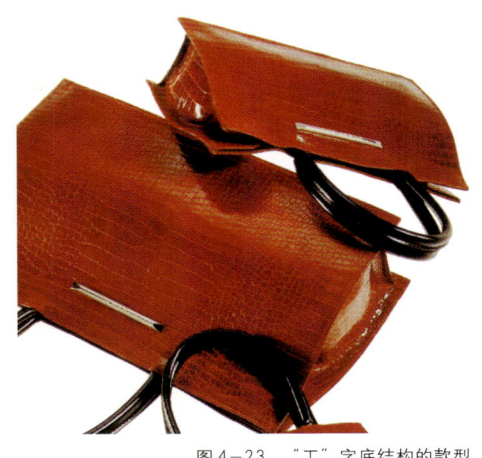

图4-23 "工"字底结构的款型

二、工艺结构

在箱包构成的一些细部，还有一些是属于工艺性的结构设计，即由于要适应产品的生产技术或功能需求而设计的形式。如图4-23，这款包从基本结构类型上来看，是属于由前后幅、侧面和底面构成的结构类型。但是它的整个侧面和底面均向内自然凹入，尤其在底部两端形成一个"工"字的形状，所以也称为工字底结构。这种结构非常有特点，最初是由于硬体包的加工和缝纫需求而创造出来的，因为机器设备的限制，所以结构设计比起前面介绍的基本形式，就增加了很多复杂和繁琐的变化。

三、结构的创新和变化

人们对于美的追求总是无穷无尽的，简单的部件组合未免显得单调和呆板。所以，设计师不断地在结构上进行创新和挑战，期望能够产生更多变化趣味和新鲜的廓形，为人们带来层出不穷的新样式。这种以审美性为目的的结构设计既可以体现为细处设计的巧妙和独具匠心，也可以表现为对原有结构的颠覆和突破，但都充分体现了设计师非凡的艺术想象力和设计才能。

由德国设计师Ulrich Czerny设计的手提包："3D-Ladybird（瓢虫）"，(图4-24)利用巧妙的结构设计和尺寸的变化，塑造出一个四面对称的菱形体，而不是人们印象中呆板的扁平造型，同时也突破了瓢虫本来圆顺的形体特征，带来强烈新奇的视觉感受。如图4-25，右面是包体打开使用时的形态，左边是收拢时的形态。设计师利用两种软硬不同的材料，再加上一个巧妙的结构，可以在扭转的过程中将长条状的软体包挤压成一个扁平的小薄片，不由得让人为之惊叹。

现在的箱包设计还会经常借鉴服装的生产技术和造型手段。比如在女时装包中运用立体造型的思路来设计结构，使得包体造型浑然天成，线条流畅垂顺。还有大量的褶皱的运用，也给板正的包体造型增添了灵动感和女性的柔美气质。这种结构不可能直接在纸面上打出合适的样板，而需要像服装的

图4-24 "3D-Ladybird（瓢虫）"包

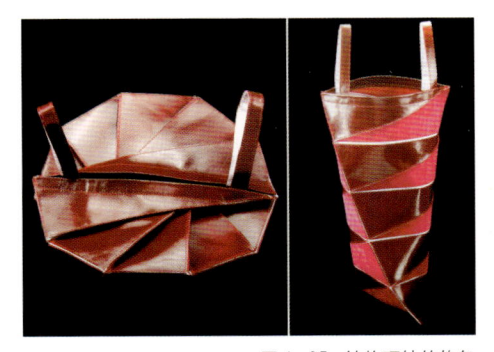

图4-25 结构巧妙的软包

图4-26 荷叶边手包　　　　　　　　　图4-27 自然垂顺的立体结构设计

立体裁剪一样，先利用面料手工把头脑中构想好的形态、褶裥固定住，然后再依据尺寸来确定外形。（图4-26、图4-27）

结构设计是决定箱包外形特征和设计风格的基本要素，也是设计从纸面图形转化为实体的关键一步。确定效果图之后，如果能够选择恰当的结构，就能使设计思想得到完美的体现；反之，则会令设计效果一落千丈。而且，从造型性结构着眼的设计也是最具创新性的设计手段，它能够体现出结构美感和空间形态的趣味性和多样性。回顾现代箱包发展史上的那些经典的产品，它们在结构设计上多具有划时代性的创新意义。比如我们前面提到的路易·威登的Keepall多用途包，"长条枕"形的立体造型是其最早设计并推出的：长条型的、封闭的空间形态。而这种全新形态的塑造就是从结构的创新入手的。

[品牌介绍]
以折叠包重获美誉的奢侈品牌——法国品牌珑骧（Longchamp）

1948年，Longchamp(珑骧)创办于法国巴黎，最初是一家烟斗专门店，它的第一个手袋于20世纪70年代末正式诞生。是享誉世界知名皮具的世家之一，从精巧的小皮具到男女装包和大行李箱都一应俱全。

但当今使其重获美誉的则是于1993年推出的系列尼龙折叠水饺包，以轻便实用的折叠概念，以及平实亲切的售价闻名全球，一度风靡巴黎，人手一只都不止。它虽然价格低廉，但是款式实用，没有任何多余的装饰，因此也不会过时。材质采用品质优秀但并不昂贵的防泼水尼龙和皮革，可以轻松刷洗。不加衬里，使其更加轻便，并且节省成本。折叠后非常小巧方便携带，尤其适合出差和出门。

尼龙折叠水饺包推出至今已售出超过800万个。为配合不同消费者的需要，品牌更不断拓展产品系列，推出一系列充满浪漫主义的折叠水饺包，来迎合善变的时代女性，有多种颜色可以选择，而在材料配搭方面，更巧妙地运

图4-28 Longchamp 的折叠水饺包

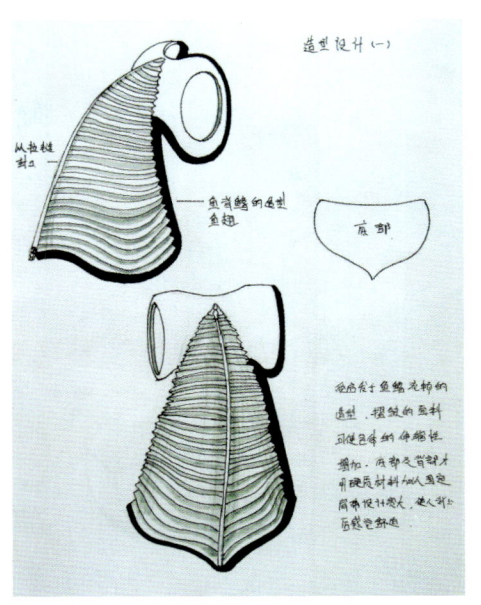

图4-29 从鱼的游动形态而来的设计构思

用各色各样的材料，营造出强烈的对比效果。并分大中小型号，用来搭配不同的衣服，是简单品位之选。如近年推出的 Soho、Idole、Longchamp 4x4 和 Rival 都大受欢迎。这个源于奢侈品牌的廉价折叠包的流行，不得不说是一个奇迹。但也正是迎合了环保和绿色设计的概念，从而用简单实用的真实性打动了人们的内心。(图4-28)

主题设计训练：

1.造型的突破和思考

希望能从结构出发，塑造出全新的立体造型。当然还不能完全忽视箱包的形态特点和功能性特点。

学生一：

鱼鳍流畅而精妙的造型，以及鱼儿在水中自如游动的身体状态。

这些是学生在无意的观察后深深留在头脑中的美好印象。当我和她交谈时，能够感受到她对这种形态和情景的喜爱和着迷之情。因而我想她的设计会成功的。

但是之后的设计过程并不顺利，经历了艰难的过程——开始的造型过于具象，只是一条鱼，而没有表现出自己那种强烈的感受和激情。

经过修改后，基本上表达出了想要的效果，但是与包体没有关系了，失去了作为一个包的形体特点和基本功能。

再次修改后，为了实现包的功能，鱼鳍的形态被平面化，成为装饰纹样，失去了生动的美感。

最终，在想要表现的意图和形体之间找到了融合点。用细密的打褶结构塑造出了鱼鳍一样的形态，并且还可以产生微微的伸缩和颤动的动态；包体像鱼背一样呈现三角锥形，而正面弧度流畅优美，又将开口的拉链巧妙地置于此处；背带部分也处理得非常好，造型新奇生动，具有海洋生物的特点，并且包体搭配和谐，弥补了顶部过于尖锐的造型。(图4-29)

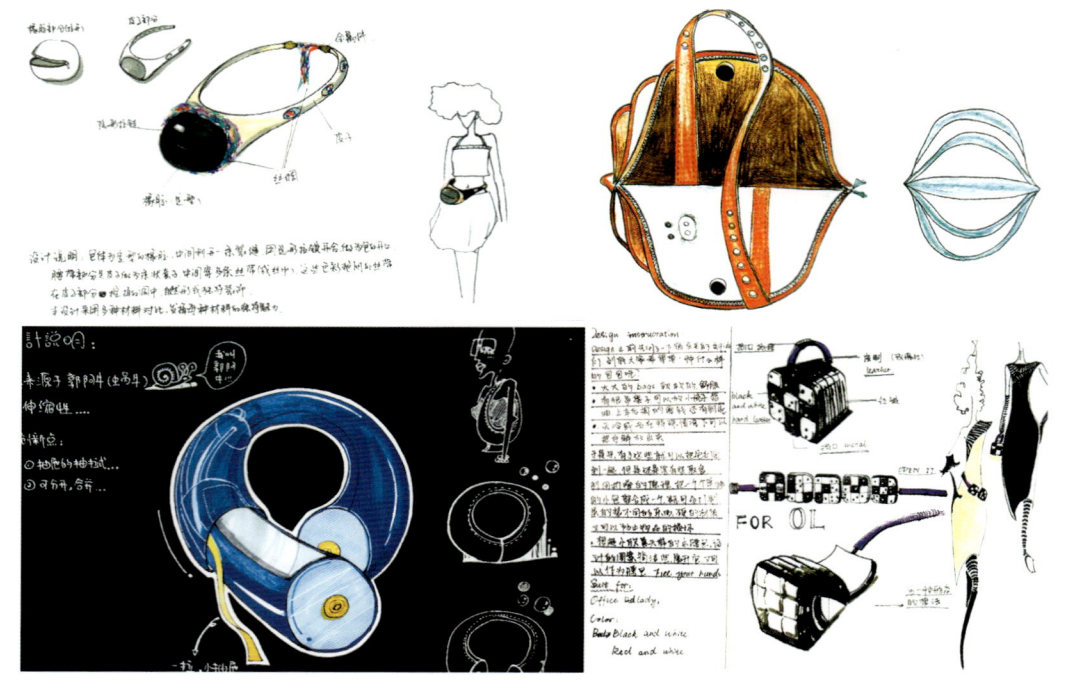

图4-30 对结构和造型的不同探索

其他学生的设计图(图4-30)

1.借用了戒指的形式,包体为黑色塑胶,像黑色宝石,包带为戒环。

2.包体像书页一样可以随意翻动,每一个独立的包体都很轻薄、柔软,但是组合起来的整体却更生动。

3.将蜗牛的卷曲造型和抽屉式结合在一起。

4.简单方形的多种组合方式。

第三节 材料设计

无论是有形的款式、色彩和细节还是无形的风格和个性,都必须依托于特定的材料才能得以实现。从内在的纤维、组织、刚柔度、质地等物理性能,到外表的色彩、光泽、肌理、触感等,材料本身就有着极其丰富的设计语言。作为设计师要熟悉各种材质的种类和性能,掌握新的发展资讯,才能在设计时做到心中有数,选择到最佳的表现素材。

一、材质的表现性能

由于箱包的功能性极强,所以首先要考虑材料在加工和使用过程中良好的物理性能,其次才是视觉效果和审美价值。比如较好的耐磨性、抗拉强度、线缝牢度和耐屈牢度、弹性和刚柔度等,以保证箱包的成型稳定性。常用的面料有天然皮革、合成皮革、各类织物(纯棉、混纺、化纤等面料,如帆布、尼龙)、聚乙烯材料、合金、塑料、橡胶、草编物、绳类等等,用料相当广泛。

1. 天然皮革的表现性能

天然皮革是传统的优良材质，迄今仍然没有哪种材质可以与其媲美并完全取代它，它所具有的优异的造型力和耐用性，以及自然散发出来的高贵华美、优雅丰润的气质更是设计师们不可割舍的设计情愫。

抗撕裂度、抗张强度、耐折牢度、延伸率、缝裂强度等物理性能较高；

表面具有天然的银色面花纹，美丽自然，肌肤感觉舒适；

有优越的染色性、吸湿性、保暖性；

有适度的可塑性，可加工成各种造型；

切口不绽开、不脱落。

箱包制造中使用最多的、最理想的天然皮革材质是牛皮。因为它的耐磨、耐折、吸湿透气性好，厚度适中，粒面磨光后亮度较高，且皮张很大，易于裁剪利用。其他还有一些比较珍稀的皮革材料，如爬行动物皮革一直以来就是奢华皮具的专属材质，如鳄鱼皮、蟒蛇皮、蜥蜴皮等。它们独特而不易模仿的自然纹理和粗犷的光泽是其他皮革无法比拟的，原始的鳞片具有浮雕般的质感，并且经过精妙的染色加工后释放出奢华的光芒，散发着致命的诱惑力。（图4-31）

图4-31 2009年赛琳（celine）的红色蛇皮手袋

保持自然纹路的皮革是最能反映真皮气质和优良质地的，因而也是比较高档的皮革。但多数皮革表面都会有一些难以遮盖的瑕疵，所以产生了很多后期整理和装饰的技法，用来遮盖瑕疵，并赋予皮面多变的肌理效果和风格。如压花革、摔纹革、雾面革、漆革、金属色革、多色调革、珠光革、荧光革、变色革、擦色革、印花革、照相革、仿旧革、仿古革、雕花革等等。这些附加了特殊效果的皮革提高了品质，并获得了更生动多样的外观风格，丰富了设计表达的多样性。（图4-32、图4-33）

[链接]

天然皮革的组织结构

天然皮革材料的原料是各种动物皮。直接从动物身上剥下来的皮叫做"皮"、"生皮"或"原皮"。人类对动物皮的利用是非常早的，最初使用动物油脂、植物汁液、石灰、烟熏、盐、矾等加工处理动物皮。19世纪发明了采用化学制剂的"铬鞣法"后，使得制革工业进入了工厂化大生产，革制品得到了更为广泛的应用。行业中把经过鞣制的皮称为"革"、"鞣革"或"熟皮"。通常把带毛的称为"裘皮"或"皮草"，主要用于裘皮服装的制作；光面的或绒面的皮板称为"皮革"，主要用于制作服装、箱包、鞋等服饰用品或制造工业产品及其他用途。

原料皮组织结构，从外观上可分为毛层（毛被）和皮层（皮被）。皮层又可分为表皮层、真皮层、皮下组织层。其中表皮层和皮下组织层在鞣前准备就被除去了，之后利用到的只是真皮层。真皮层是由乳头层（粒面层）和网

图4-32 压有字母图案的压纹皮革

图4-33 柔软细腻的磨砂皮革

图4-34 PU合成革的运动包

状层组成。乳头层由非常纤细的、编织十分致密的胶原纤维构成，制成革后即为革的粒面，故又称粒面层。靠近上层的纤维束细小，而靠近网状层的下层则逐渐变粗。皮革的优良性能，如光泽度、细腻度、柔韧度等主要是体现在真皮层中的乳头层纤维结构。网状层是由纤维束构成，而且胶原纤维比乳头层的粗大，交织成较为稀疏的立体网状结构，成革的物理－机械强度也部分取决于这层的发达程度。

2. 人造皮革

天然皮革毕竟在价格、产量、加工等方面存在着一定的局限性，因此廉价人造材料在当代成为材质的主流。人造皮革虽然在外观和性能上不能完全代替天然皮革，但它们具有质地轻薄、价格低廉、易洗涤去污、易缝制、质量易控制、材料张幅整齐利用率高，以及表面效果更加多样化等很多明显的优势。多种多样的人造材料还给设计师提供了更大的创作空间。随着科技制造技术的发展，人造材料的性能也逐步提高，有些甚至超过了天然皮革。如采用无纺布作底基、塑料涂层的合成革（PU合成革），其底基是采用合成纤维制造的无纺布，并使用针刺成网、黏结成网等工艺，使基材达到了多孔结构，类似于天然皮革的网状层结构；而表层则用聚氨酯层构成微细孔结构，相当于天然皮革粒面层的组成特点。这些在技术和材料方面的改进使得PU合成革的外观和内在结构与天然革逐步接近，其他物理特性都接近于天然革的指标。而在色泽上人造皮革更具有灵活性，可以获得天然皮革不能达到的高鲜艳度。(图4-34)

从国内外的市场来分析，合成革已经大量取代了资源不足的天然皮革。采用人造革及合成革制作的箱包产品，已日益得到了人们的喜爱和市场的肯定，其应用范围之广，数量之大，品种之多，是传统的天然皮革无法满足的。

3. 纺织品

纺织品也是箱包设计中传统的面料，它轻便柔软，价格低廉，花色图案

图 4-35 光泽华美的绸缎手包

图 4-36 可爱的布包

繁多，制作工艺相对简单（图 4-35）。在箱包产品中最常使用的主要有两大类别。

(1) 纯棉或混纺机织物

纯棉织物的经纬纱都是棉纱，混纺织物指两种或两种以上不同品种的纤维混纺的纱线织成的织物，如棉麻混纺、涤棉混纺等。箱包用的布料一般纱线较粗，交织紧密，质地更为厚实，耐磨性强。如卡其布、帆布、麻布、牛仔布、灯芯绒、呢绒、丝绒等。其中牛仔布和帆布使用率最高，可制成水洗、做旧效果等，最适合制作成随意舒适的休闲软包。并且其经纬交织的纹理和柔和的色泽还散发着一种质朴的天然韵味，能够唤起人们对于田园生活的美好向往，是当前环保设计、绿色设计中首选的材料。（图 4-36）

(2) 化学纤维机织物

在箱包应用上基本以尼龙和涤纶两种纤维为主，偶尔也用两种料混在一起用。其原料都来自于地下燃料库——石油、煤炭、天然气，是有机化工产品聚合而成的。相对于天然纤维来说，在光泽、强度、耐磨性、抗撕拉性等各方面都强很多。因此尼龙和涤纶常用于运动包、专业户外背包、旅行箱包、电脑包等功能性要求高，并且设计风格上倾向于体现科技感和现代感的产品。

但纺织物普遍在防水性等方面比较弱，多会在表面和背面附加涂层，这样不仅能改善织物的外观和风格，而且还能增加织物的功能，使织物具有防溅水、耐水压、防撕裂、通气透湿、阻燃防污以及遮光反射等特殊功能。（图 4-37）

图 4-37 高档尼龙材质的时尚背包

[链接]

世界上第一种合成纤维——尼龙（Nylon）

尼龙，又称锦纶，它是美国科学家卡罗瑟斯(Carothers)及其领导的科研小组研制出来的。他们在 1938 年 10 月 27 日正式宣布世界上第一种合成纤维

图4-38 高档尼龙面料的商务旅行包

图4-39 宝缇嘉经典的Cabat包

图4-40 宝缇嘉包编织的过程

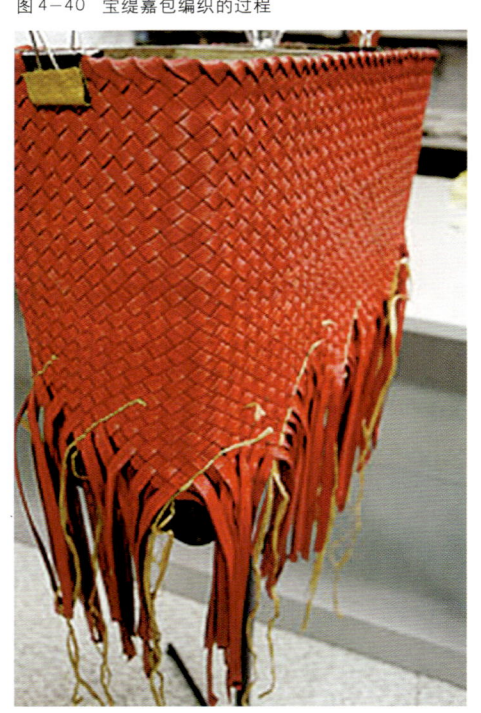

诞生了，并将聚酰胺66这种合成纤维命名为尼龙(Nylon)。它具有高强度和高耐磨性，耐磨性在所有天然纤维和化学纤维中可称得上冠军。其染色性在合成纤维中也是较好的，并且手感柔软，还有高抗化学性及良好的抗变形性、抗老化性，质地轻便，又有良好的防水防风性能。

尼龙材料不仅具有卓越的使用性能，而且其细密精致的外貌和色泽具有一种高科技感和低调华贵的品质感，不像其他人造材料显得低档粗俗。所以尼龙主要用于比较高档的户外登山包、旅行包、运动包以及时尚休闲包设计中。它的产品档次比较多，按行业标准会标出210、420、600、800、1200、2000D等等，数字越大，说明织物的纤维越粗、密度越高，结实程度也就越好。像1200~2000D的高密度织物在国外也被称为"防弹尼龙"(ballistic nylon)。在户外登山背包中经常出现的杜邦尼龙（Cordura），是由杜邦公司发明的一种专利面料，具有轻、速干、柔软、耐久性强的功能，长时间使用也不易变色。(图4-38)

二、从材质开始的设计

在实际的设计中，对于材料的物理性能、经济属性以及审美特性等要进行综合性的考虑和分析，并且要与箱包的设计风格、表现侧重点相辅相成，才能最终做出合适的选择。

1. 材质的塑形特征

首先，在面料的选择上，真皮皮革的塑形能力较强，借助于一定的辅助材料后，可塑造出各种软硬的包体形态；合成革和纺织品主要用于半定型包或软体包。纯棉或混纺的纺织品质地较柔软，可以塑造出柔软的曲线、褶皱、自由随意的形体。但尼龙、涤纶质地较硬，褶皱僵挺，不够柔和，所以适合塑造有一定定型效果的形体。

其次，还需要注意材料使用时的纹理和方向，因为多数材质在不同的方向上的伸缩程度和复折能力会有不同。一般以直纹为顺向纹理，横纹为逆向纹理。直纹承受挤压力和拉力的程度较大，不易变长、变形；而横纹遇到拉力大时易变长、变形，但是易弯折。所以，需要根据不同部位的各种功能和塑型需求来确定使用哪种纹理。如包体的前后幅面、侧面、底部等部位一般不会弯折，需要有较强的支撑力，可承受挤压而不变形，适合顺向排料；而时常弯折和摆动的包盖、提手、背带等处，则需要有较强的复折力，适合逆向排料。当然，还要根据具体的设计款式来最终确定。真皮皮革也有横纹和直纹之分，用手抓住皮料的两端张拉，有伸缩力的为横纹，无伸缩力的为直纹。

箱包使用的纺织品、人造革基布是经纬交织而成的机织物，直纹即是指经线，即布匹长度方向，横纹即是指纬线，布匹幅宽方向。做辅助定型的灰卡纸、牛皮纸以及回力胶等胶料也会有直纹和横纹之分，易弯折的方向为横纹，反之则为直纹。

[品牌介绍]

箱包中的编结王国—意大利奢侈皮具宝缇嘉（Bottega Veneta）

有"意大利爱马仕"之称的宝缇嘉（Bottega Veneta），以精湛手工和优雅款式驰名。创始人是莫尔泰杜（Moltedo）家族，他们于1966年在意大利维琴察市（Vicenza）设立总部。家族独家的皮革梭织法让宝缇嘉在20世纪70年代发光发热，成为知名的顶级名牌。

宝缇嘉之所以金贵，在于纵横交错的皮革简直就是耗时耗工的手艺精品，如品牌最负盛名的Cabat包，以木制框架作为支撑，整个提包无切缝接边，制作流程是：先各把两块皮上下黏合在一起，裁成条状后再手工编织而成。包体的每一处都相当于覆盖着4片皮革。据说1位师傅至少要花2天才能完成。2008年的Cabat包以深咖啡色牛皮基底，手工刷上两层金色薄膜后加以编织，最后再刷上一层咖啡色，并以手工抹去，制造出仿古感觉。再如Veneta包的制作也很复杂，先把一块光泽颜色毫无瑕疵的皮革，用机器按照固定间隔打出一个个洞，取另一块皮裁成条状，再把条状皮革编到洞洞里头。

宝缇嘉的设计美学是含蓄细致，而不会追求浮夸矫饰。能够展现使用者"自信、优雅而忠于自己风格"的个人特质，2001年6月德国设计师汤马斯·麦耶（Tomas Maier）接任创意总监至今，他以中古韵味注入宝缇嘉的优雅格调内，精心设计的时装、皮具及配饰系列，完美地结合实用功能和潮流品味，让顾客体验超卓品质和尊贵格调。（图4-39、图4-40）

2. 材质与时尚体现

设计师要把握的流行资讯很多，其中材质可以说是流行的先行军，它对设计有着最具体、最直接的指向作用。

当今高新技术对材质的影响非常大。如可利用激光雕刻机在天然皮革和合成皮革面料上镂空或雕刻出不同层次的细密纹样，或者是进行切割、抽褶、扭曲变形等立体手段的处理。由于是通过电脑来输入图形，所以可以方便地按照不同设计要求来对皮料进行二次加工改造。在皮革上还借鉴了布料的一些印染方法，如扎染、蜡染、渐变染色、水洗等等，使皮革呈现出新的风格特征，突破了以往单调的定式，表面处理手段丰富，肌理效果非常新颖，给设计师提供了更多创作灵感和空间。（图4-41）

图4-41 2007年香港亚太皮革展中展示的新材质

图4-42 羊毛与丝绸混合纺织的新型面料

图4-43 油灰印花的新型皮革

图4-44 普拉达的黑色尼龙双肩背包

材质本身就已经承载了很多流行信息和丰富的设计表现手段。因此，材料往往成为设计灵感的来源，影响着整体设计格调。采用表面处理比较醒目的材料时，要结合这些元素进行整体考虑，不能再盲目地做加法。比如2007年开始流行的渐变染色皮革，色彩多变、亮丽，呈现渐变或对比的多色调感觉。因此，色彩成为包体最突出的设计元素，在造型款式和其他装饰细节上就要尽可能简单明确。而一些有立体处理效果的材质在利用时更应该慎重思考。（图4-42、图4-43）

三、材质与风格创造

一种风格的出现往往与选择的材质关系紧密，它或是伴随着一种新面料的产生而诞生，或是因为显示出一种新颖大胆的搭配而形成。有很多成功的品牌和经典产品都离不开设计师对材质的独到认识与运用。

在箱包设计中有很多材质与产品相互成就的例证。如我们熟悉的普拉达在1985年推出的黑色尼龙手袋。这种黑色防水尼龙料虽然问世已久，但一直用在像空军降落伞之类的工业产品上，从没有人想到过将其应用在服饰品中，更不用说在奢侈品中露面了。设计师当时正在为品牌寻找一条创新与突破之路，需要一种能将传统与现代完美地融合在一起的材质来表达自己的设计理念。而这种质地轻盈、手感细致、结实耐用的现代科技产品正好契合了设计师的想法。可以说，尼龙给了普拉达品牌重生的机遇，使其开拓出了欧洲皮具奢侈品的新面貌。而普拉达对尼龙材质的创造性运用，也使得尼龙从工业产品原料一跃成为今天的面料新贵。（图4-44）

由此可见，材质的创造性应用一定要有明确的设计理念作为指导准则，否则就会成为哗众取宠的行为而不被认同。材质与设计理念之间最重要的是在内在性格和气质上的共通和相互烘托。比如日本服装设计师三宅一生（Issey Miyake）的褶皱面料与其服装观念就是绝妙的配合：褶皱面料本身不是固定僵化的，富有弹性和立体感，它能给穿着者足够的活动空间，充满了无限变化的可能性和灵动之美；而设计师要的服装则是能传递出每个人充满个性的灵光，使其体验到无拘无束的解放感。最终，具有相通内涵的二者通过个体的穿着行为完成造型，最终达到从内到外的融汇。（图4-45、图4-46）

而在此之前，如何能挖掘出一种新材质，或是捕捉到材质不被人熟知的性能和审美特性则是考验设计师头脑和眼光的关键一步。因为很多时候我们不能充分开拓眼界，并且认识总是限于一种惯性思维中。这就要求设计师要培养出超强的敏感度和观察力，才能从正常中看到不平常，从平凡中创造出奇迹。

主题设计训练：

1. 感受皮革

真皮皮革是制作箱包的传统高档材料，就如同丝绸与晚礼服一样。因此，作为箱包设计师一定要熟悉它的性能和个性魅力，才可能做到游刃有余地运用，在设计过程中扬长避短，并且不断超越创新。

采用质地柔软适中的黑色羊皮或牛皮作为主料，设计并制作出一款女装时尚手袋，以展现真皮皮革的表现力和造型特点为本次创作的侧重点。

由于设置了条件，只能使用黑色皮革，而且设计重点在于对材料的表现，因此，学生们在创作时最初也显得有些拘束，主要的原因还是对材料不够熟悉。在这种情况下，指导他们大量地去看一些优秀的设计产品，讨论这些设计是如何巧妙表现和创造性地运用真皮材料的。并且将黑色的皮革材料先购买来，让学生多观察、触摸，以增加对材料的感觉。之后设计思路逐步开始拓展，多数学生对于皮革材料的特性展现最终还是比较成功的。但是也存在很多问题：整体效果还不够完善和精美；对于材料的体会还很浅，手法运用单一，创新性不足。

学生一：亓梦璐

当我第一次看到这块羊皮时就被它吸引住了，质地那么轻薄、细腻，富有柔和的光泽，而且手感绵软，很舒服。所以我想一定要买下它，把它的美丽都表现出来。因为在弯折皮料时出现了很多自然柔美的褶皱，所以头脑中好像已经有了一个形象：蓬松起伏的美丽褶裙和优美的女性……

羊皮细腻轻柔，很适合塑造随意柔软的效果和自然垂顺的褶皱。在她的设计中就比较好地利用了这一特性，采用了大量的活褶，使材质的边线呈现出自然起伏的圆润曲线，并且每一层之间错落层叠，相互支撑和掩映，塑造出丰满蓬松、自然柔美的轮廓。（图4-47）

图4-45 三宅一生的褶皱面料和服装

图4-46 三宅一生的褶皱服装与人体的空间关系

图4-47 褶皱装饰的羊皮手拎包

图4-48 孔雀翎形式的牛皮手袋

学生二：王哲文

羊皮虽然柔美，但是似乎有点过于轻薄了，所以我还是选择了稍硬一些的牛皮，我喜欢柔软中又带有韧性的材质，可以帮助我塑造出想要的感觉：孔雀优雅挺拔的身姿和修长柔韧的羽翎。

与羊皮相比，软牛皮的质地更厚实、僵硬一些，制作效果就会有所不同。作业二虽然也是以褶皱为设计点，但设计者很好地避开了牛皮的表现劣势，而利用了支持力强的优势设计了呈放射线性发散的、规则的长褶锏，得到了挺拔坚韧又软硬适中的表现效果。(图4-48)

第四节 色彩设计

黑色、褐色系等比较保守和经典的色彩是现代箱包的基本色系，每一季都会出现。但是显然人们的视线更易被各种鲜活而生动的色彩所吸引，因此，很多时候色彩成为设计的重点和亮点，表现出强烈的风格和形式感。

一、色彩风格的体现

色彩与不同的箱包类型、使用目的和环境因素等结合并固定下来之后，就会形成经典的色彩搭配形式和风格印象。了解和把握这些色彩风格类型的基本配色特征，对于我们的设计具有很强的指导性意义。

图4-49 简单朴素的色彩风格　　　　　　　　　　　图4-50 冷静内敛的色彩风格

1. 简单朴素的色彩风格

主要针对普通大众在日常生活中的各种需求和使用环境，包型多为基本款，使用目的简单、明确。因此，色彩多为一些基本色、常规色，以单色和两色配色为主。无论是色彩本身的面貌性格，还是色彩之间的搭配关系都是比较单纯和直接的。色彩纯度较高，多采用同色相、类似色相的配色。如黑色，黑色与大红色、黑色与橙红色、黑色与蓝色、黑色与棕色等的配色关系；棕色系列以及互相之间的配色。（图4-49）

2. 冷静内敛的色彩风格

主要针对商务人士在其相应的工作场合、社会环境中使用的包型。此类设计更多的是要体现出携带者一种社会公认的职业成就感，传达特定地位、身份、修养、品位等，因此切忌浮华浅薄。用色范围极小，配色以单色为主，并且多采用冷色调的、明度较低的无彩色或中性色；或采用同色相的配色，体现理智冷静的气氛。如单一的黑色最经典，不会出错。近些年来，随着商务人士中年轻人和女性的逐渐增多，以及商务休闲化的演变，在过去一向严谨、保守的风格中开始流露出一些时尚和轻松的设计元素，在色彩设计上也使用了一些大胆的配色，常采用一些柔和的彩色，如浅米色、驼色、浅蓝灰色、中黄色等。（图4-50）

图4-51 张扬动感的色彩风格

图4-52 文化韵味的色彩风格

图4-53 非主流化的色彩风格

3. 张扬动感的色彩风格

针对较为年轻人群喜欢的运动类、休闲类、户外类等包型。此类包型重点突出轻松自如的年轻心态和活跃自信的运动精神。因此多采用明快的、强烈的、纯度较高的色彩，冷暖倾向鲜明。采用单色、两色和三色的配色设计，多采用同色相、类似色相、对比色相的配色。如黑色，以及黑色与一至两种灰色，黑色与大红色（或加灰色），黑色与蓝色（或加灰色），黑色与明黄色等。(图4-51)

4. 文化韵味的色彩风格

针对文化修养较高的成熟人群，他们往往是一个社会中最稳定和保守的阶层，欣赏的美是传统的、有文化内涵的，不会随波逐流地改变自己的品味。多选用比较含蓄的、优雅的沉稳色彩和简洁的搭配组合，注重整体的统一性，如多采用同色相、类似色相的配色，而较少采用强烈的对比关系。如棕色系列，象牙白色、浅米色、米黄色、咖啡色等，以及互相之间的配色。(图4-52)

5. 非主流化的色彩风格

针对在思想和行为上表现的特立独行、标新立异的人群。他们的审美趣味可以是超前的、古怪的、反叛的，也可以是刻意的、个性的、随意的，与大众流行风格有意保持距离，都是属于非主流的风格。常常打破配色常规，采用一些日常生活中较少见的偏僻色彩和组合关系，以表达出他们与众不同的形象和追求。如复杂的多色配色、中差色相的配色、对比色相的配色等。浓郁的深色系列，纯度较高但明度较低，如猩红色、茄紫色、靛青色、酱红色、纯蓝色、深绿色、栗色等，以及相互之间的多色组合。(图4-53)

6. 靓丽通俗的色彩风格

针对现代都市中追逐通俗流行文化的各个阶层的人群。外在形式漂亮、色彩靓丽多样，选择范围很大，但是缺乏深刻的设计内涵和个性。这种色彩风格是当代社会的主流设计倾向。因为与流行信息关系密切，因此色彩更新速度快，但是总体上还是以比较常规的色彩和配色方式为主，以适应大多数人的审美需求，只是在不同流行季中会加入一些新的色彩因素。如加白的柔美色彩、米黄色、粉蓝色、粉红色、浅玫红色、淡黄色、紫罗兰色、洋红色等，以及与白色的配色。(图4-54)

[品牌介绍]
当代美式休闲风格的代表——LeSportsac（力士保）的印花包

1974年创立于美国纽约一家小工厂的力士保 (LeSportsac)，成立仅仅一年，就一炮而红。不可思议的奇迹，首先在于它选择降落伞所用的尼龙布。这种尼龙在缝纫后非常强韧，基本不会撕裂，而且能防水、重量轻，使得包的耐用性极强。再加上简单而精致的细节设计——带有明显的品牌标志的锁边条，当时爱好旅行的美国时尚客疯狂地爱上了力士保 (LeSportsac)。它休闲简单的诉求，象征着美国人乐观随意的个性与精神，是当代美式休闲风格的经典代表。

近年来，力士保在设计方面更为大胆，采用了如彩绘般五彩缤纷的面料图案，并且每季都会推出多个系列的新花样，花招百出且从不重复，打造出一个轻松、童真、功能性和时尚性兼具的品牌形象。比如以文字为主体纹样的迷幻波普图案，可爱碎花，复古的人字纹、千鸟格图案，灿烂的水果花卉，朋克摇滚风格的扭曲粗黑字体，还有涂鸦图案，球球图案，小人物乡村的卡通图案，以及日本风格的可爱公仔图案。(图4-55)

二、基本配色方法

色彩的搭配是设计的一项难题，除了要遵循基本的配色原则之外，不同的产品都有自己的色彩运用规律，所以，我们要结合具体产品来达到灵活的运用。箱包的配色主要有以下一些常见的配色规律。

1. 单色配色

是指主体面料为单色的一种色彩。单色的箱包可以说是产品中最常见的类型，主要是色彩整体性强，易于配合着装色彩，可体现出高档和精致感，并重点突出本身质感极佳的材料。

比较简单的就是各种材料均保持一致，包括拉链、五金配件等都采用同一种色彩。尤其是在零部件和五金配件较多的情况下，可以减弱繁琐、零乱的视觉印象。高档商务旅行包全部利用黑色，在表现出产品的稳重、严肃、内敛等审美特征的基础上，还使大大小小的外兜从视线中隐藏起来。(图4-56)

图4-54 靓丽通俗的色彩风格

图4-55 LeSportsac的印花休闲包

图4-56 美国Tumi的商务包

图4-57 红黑配色的时尚手袋

图4-58 三个配色的时尚背包

图4-59 四个配色的背包

也可在五金配件、包边条、缝纫线迹、背带等细小的部件上使用其他色彩。如以真皮皮革为主料的包体一般会采用金色或银色的金属配件来搭配，更加衬托出皮质的细腻光泽，赋予包体华丽高贵的气质。或者在包边条和小零部件上采用同类色或反差大的颜色，以获得统一中有变化的和谐效果，或者是强烈鲜明的对比效果。

2. 二至三色配色

虽然单色的产品居于主流，但毕竟较为单调，多色面料搭配的产品还是不可缺少的。

两个色彩的配色显得实用、明快又简洁，多采用统一的配色关系，如同一色相、类似色相，显得稳定、平静。如果采用对比色相或补色配色的话，就会显得引人注目、充满活力。但是要注意色彩的主次关系，主色一般要占据较大的面积和主要的位置，配色多用在背带、拉链、小袋、包盖等次要部件上，并且在应用位置以及面积大小等方面要有呼应，以获得平衡感。(图4-57)

三个色彩的配色会形成平衡感，减弱了对立感，显得自由开放。可加入跟前两色中的任一色在色相上相近的颜色，就会在对比的同时形成整体的调和。如果选择第三个完全不同的色相，就会让三个色彩的独立性进一步增加，有轻快感，但整体感就会有所减弱。(图4-58)

3. 多色配色

色彩越多越显得自由随意，但实用性和扎实的感觉相对较弱。可以以两种色彩为基础，各自衍生出近似色或同类色，使得色彩对比的程度降低，或者以多个近似色来搭配一个对比色。同时在面积上也要有变化，这样就会更容易取得协调的效果。(图4-59)

近些年来，色彩丰富的箱包设计逐渐增多，尤其是流行性强的时尚女包更是毫无顾虑地大胆用色，甚至会多达六七种颜色，糖果色、渐变色、撞色等成为新的设计趋势，体现出箱包在色彩设计观念上的极大突破。(图4-60) 多色的搭配相对于单色显得具有轻松的氛围，使设计思想可以得到更有层次

图4-60 渐变色的时尚女包

图4-61 色彩丰富的印花包

的表达空间，所以即使造型简单平常，也可以通过生动有趣的色彩来获得独特的形象，但是这种配色关系比较有难度，还要与设计风格和造型等相协调。另外，面料种类多也会造成生产的难度和成本增加。

4. 面料图案的配色

人造革和纺织面料经常会采用印花或织花图案，表现出活泼的面貌风格和流行色调等时尚信息。（图4-61）

与单色面料搭配时，可以从图案中选择一个颜色作为单色面料的色彩来搭配，这样比较容易达到协调的整体效果。一般可选择花色中比较醒目的、大面积的颜色作为单色面料的色彩。搭配的单色也可以是印花面料中没有的，对于色彩多又很鲜艳的面料，可以用无彩色系搭配来降低激烈感；而色彩含蓄、朦胧的面料，则适合选择反差较大的单色来强调出图案的色彩和层次感。

单独使用印花面料时，在面料的色彩选择上要与包体的风格、造型特点相协调。如果要突出包体独特的造型，则适合选择色调较为统一的面料；如果包体造型很平常、简单，则可以选择图案和色彩醒目的面料；如果色彩和花型过于繁杂强烈，影响了包体造型的清晰度，可以用一个色彩反差较大的单色色彩来做边缘等细小部分的处理，使花哨的面料得到适度的控制，并勾勒出包体的轮廓。（图4-62）

图4-62 利用鲜艳的黄色做边饰的花布背包

[品牌介绍]

雍容华贵的地毯包

地毯包（Carpetbags）最早源自于美国内战时期从北方迁移到南方淘金的人们，他们经常将行李装进用旧毯子制成的包里。作为品牌的地毯包在1974年由Loretta女士在英国萨福克（Suffolk）创立。采用天然纤维粘胶和上等棉

图4-63 地毯包（Carpetbags）

图4-64 彩虹色的虫虫包

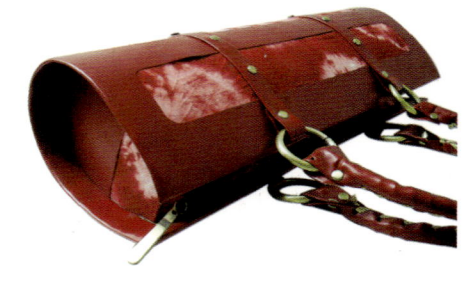

图4-65 红色蜡染布手袋

花，用传统的波斯地毯织法手工制成，具有丝一般的柔滑质感和超轻重量，色彩雍容华贵，包面图案或织或绣，具有很强的手工味，图案的选择多以传统民族花纹或富有艺术气息的纹样为主。完全手工打造，以显出使用者不凡的身份。(图4-63)

主题设计训练：
1. 用色彩塑造风格

以"色彩"的启迪为灵感，利用独特的色彩组合和色调展现出鲜明的风格形象。

其实在任何产品中都自然地存在着色彩的设计，但是这次主题创作的目的，是要弱化造型轮廓等其他设计元素对于整体的表现力度，而强调色彩对于设计效果和风格塑造的重要意义。

学生一：王淼

童话

设计灵感来源于日本动画片《风之谷》里荷母虫形象。它巨大的身躯和灵活的行动像未来世界里功能超强的机器，但憨态可掬的神情和善良的性格显得可爱淳朴。而且荷母虫所在的那个童话世界，又始终给我带来一种奇异的色彩感觉：单纯透明、明朗光亮……(图4-64)

学生二：刘玉卓

红

设计灵感来源于一块我制作的红色扎染布。扎染是中国传统的民间染织技法，一般多为靛蓝色。但我制作的这块扎染布采用了少见的大红色。它的色彩鲜艳，红白对比强烈，花纹斑斓，因此，展现出来的不再是朴素和含蓄的民间古风，而是张扬、热烈的现代风格；再配合同色调的红色牛皮，塑造出一种华美而明媚的"中国红"的整体氛围。(图4-65)

第五节 零部件和装饰

箱包的零部件和细节虽然不构成造型的主体特征，但是却具有更为灵活的设计空间，可进一步赋予箱包精致独特的外观风格，是展现设计个性和灵感来源的重要部分。

一、零部件的设计形式

箱包的零部件除了具有必要的功能性用途之外，也会在不同程度上改变和塑造整体的外观形象，带来新的趣味。主要包括以下几个较为重要的设计点：

1. 袋口

是指包主体的开口处，一般都位于包体的上部，是最显眼、也最为关键的设计部位。开口的位置、大小、形式等决定着使用的便捷性和对内部物体的保护性，还辅助整体效果和风格的体现。比较常见的有拉链口、包盖、敞口、束带、框架等形式。

其中框架是比较古老的袋口形式，也称铰口或架子口，多是金属、塑胶或木质等硬质的材质，可支撑起软体包的袋口形状，闭合也很严密。但框架需要预制成型，所以在设计的灵活运用上存在一定的限制。但是它具有的古典气息和华美质感则是其他形式所不能相比的，因此，在复古风的带动下，这种袋口也还常被应用在女式晚装包、小手包、中型的时尚手提包设计中。（图4-66）带包盖的形式也是比较传统的，并且它的形状设计也会给整体带来独特的印象，只是由于现代休闲观念的影响，加了包盖会稍显累赘和正式，所以就较少采用。（图4-67）

拉链口最早被利用于箱包上是在20世纪的20年代，它的密闭性是最好的，而且柔软随形，具有简便利落的设计特征。因此被运用于现代的各类箱包设计中，尤其在运动包、旅行包、休闲包中使用最为广泛，具有简洁实用和休闲化的现代风格。而因为拉链多是露在外面的，所以它本身也成为一个重要的设计表现手段，已研发出防水拉链、塑料拉链、金属拉链、透明拉链、渐变色拉链等等多种在功能和外观上新颖别致的样式，以增加其设计表现性。

总体来说，袋口的设计无论在使用性还是制作要求方面，都不应过于繁琐，还要与包体结构协调统一。而从审美的角度上看，要采用与款式风格相吻合的形式，并且展现出独特的设计创意。

2. 外部附属小袋

附加在包体的前、后幅表面或两侧、包盖等部位，用来放一些经常取用的小物品，对于内部功能起到一个补充。附属的小袋也可以从外形、线条、结构、色彩、装饰等入手，设计得别出心裁，为简单的包体增加亮点，或者起到强化设计风格的作用。常见的形式主要有贴袋、插袋和挖袋这三种。

图4-66 金属口的小手包

图4-67 典雅庄重的带盖手包

图4-68 拉链口有装饰边

图4-69 时尚背包

图4-70 专业的登山背包

其中插袋和挖袋是比较平面化的，袋口可敞开，或加拉链、磁力扣来固定。因此，主要注重袋口的分割位置、袋口线条和装饰细节的设计效果。(图4-68)而贴袋是利用包体的一面作为袋身的底面，将袋面材料直接缝合在包体上，多数会设计成立体的口袋。这种形式的袋子是包体上比较显著的小部件，对于整体起着很重要的修饰和强调作用。(图4-69)这两个上下排列的袋子，用粉红色的材质围绕一圈来强调出形状和立体感，非常显眼，它为单薄的包体增加了体积感和生动活泼的年轻气息。

而在户外背包的设计中，不同功用的附属小袋是最为重要的外挂设计，各种尺寸和结构的袋子遍布包体的各个部位，不仅解决了实用问题，还形成了一种产品独有的功能美和设计风格。因此，很多在都市里使用的休闲背包，尽管不需要那些很专业的功能，但是也会设计很多典型形式的小袋子，以表达出一种产品特征和运动感。

[专业知识]
户外运动背包的核心技术——背负系统简介

专业的户外运动中使用的登山背包，可以说是当前对于箱包在功能性探索上的极限之作。它是建立在对于户外环境和运动规律，以及人体工学和材料学等等各个流域的科学研究基础上的。其中，背负系统是户外背包中最为重要的核心技术，其目的就是通过合理的结构设计，使得背包内的重量合理分布并将大部分的重量传递到人身体最能承重的下半身，保证承重及背负的舒适性。其结构包括肩带、胸带、腰带、肩部受力带、包底受力带（统称五带）、支撑装置、通风装置和调节装置。

背负支撑装置早期常见的有U型管、双铝条，改进型背包采用了"Ⅱ"字形铝片加模板支撑，并根据身体曲线来造型。为了提高背负性能，20世纪末，欧洲背包制造商发明了"TCS"背负系统，这种背负采用合金管框架支撑，选用高强度、高弹力钛合金管定型，大大减轻了材料重量，并使其受力强度更高，也更加均衡。还充分考虑了行进中仰视的问题、不同背负者体型等更为细致的人性化设计。

背负系统通风装置是背负舒适的重要指标，通常采用柔软的通气材料隆起，双肩部设计成造型软垫，腰支点处装一个可调的透气软垫，使背部纵向、横向形成鞍部，从而良好地解决了通风性。背负系统的五带功能保证背包与人体可靠结合，保证正确受力传递并辅助承重。为了保证肩部舒适，制造商发明了"S"肩带，使肩带能饶开颈部并且不卡肩窝；肩部受力带采用通体连接，不仅保证了背负重心调整，也满足了承力的要求；胸带用来调整双肩带开距，增强背包稳定性并有利于呼吸；腰带是背包承重部位，通常由腰垫和腰带构成，采用活动设计，可以微调上下，以求找出最佳结合点；背包腰底调整带保证了背包底部和腰撑与腰部的可靠结合。(图4-70)

3. 背带

是人们携带箱包和承重的部件，其设计的优劣直接影响人们背用的舒适性和便捷性。根据携带方式的不同，在长度上有短的手提带式，中等长的普通式，长的背带式等三种。也有单带与双带、平面形与立体形等类别之分。

背带的形式其实也反映了社会的发展，从最初的挂在腰间到手拎、背在肩膀、背在后背、放在地上拖拉等等，显示了人们的生活内容逐渐丰富和生活状态日趋复杂繁忙。因此，在不同时期形成的携带方式就会烙上相应的时代风尚，很微妙地影响着我们今天的设计心理。比如较为正装的手袋一般都是采用单或双的短带手拎的方式，这是20世纪初期男女携带包的主要方式，显示的是女性优雅娴静的淑女风范，以及男性高贵庄重的气度。（图4-71）而利用一根长长的单带将小包挂在肩上的女包，则是为活跃的女性准备的，表达的是一种年轻、潇洒和自信的现代感。（图4-72）

背带在包体上固定的位置基本上没有太大的变化余地，因为涉及使用的合理性，比如手提带的两个固定点之间的距离一般在11厘米和14厘米之间等等。但是在保证使用性的基础上，它的形状、材质、色彩、线条、连接方式等则可以有丰富的变化余地。

但有时候背带会成为一个处理难题，呆板的形式会破坏包体轮廓的完美性。这时候就需要我们采用巧妙的方法将其"隐藏"起来，使其与包体达到浑然一体的状态。相反，有时候又需要采用强调的手法来增加背带的存在感和表现性，可以制作成立体的圆柱手把，或花式的编结形式，使之成为整体的视觉焦点。（图4-73）

4. 五金配件

箱包的五金配件不只是简单的扣子、拉链，而是功能种类繁多、样式灵活多变的重要部件，多由金属、塑胶、尼龙等材质制成，而高档的五金配件多是由黄铜或紫铜为原料。这是因为箱包要负重和携带，所以有很强的功能性要求，而这些硬质材质具有皮革等软质面料所不具备的性能，起到加固、定型、支撑承重、频繁弯折、关节枢纽等作用。虽然服装和鞋靴上也有五金配件，但是都不如箱包上五金配件的作用大，使用广，完全不需要五金配件的箱包是非常少的。使用频率最高、类别最多的是起固定和连接作用的配件。比如有双面撞钉、螺丝钉、金属环、弹簧钩（或称钩扣）、皮带扣（或称扦子或针扣）、日字扣、活动日字扣、插扣等。（图4-74）

对于五金配件的使用首先要考虑功能性，不需要则不必强加，否则会造成视觉的混乱。在功能性之外，它还常常会起到画龙点睛的设计效果，因此还要考虑它的审美性，材质、色泽、形状、尺寸。在高档皮具以及时尚包袋设计中比较强调五金配件的使用，它起到烘托设计品位、刻画精致细节以及强调风格形象的重要作用。因此，很多品牌都会单独设计和制造自己专属的五金配件，以强调设计的完美性和品牌的高贵形象。比如古奇（Gucci）的竹

图4-72 2008年流行的小肩包

图4-71 1912～1913年的法国女性携带小手包的形象

图4-73 既精巧又浑然一体的拎手设计

图4-74 包上常见的锁类和金属框架

图4-75 精致的锁具成为视觉焦点

图4-76 弱化五金配件的田园风格

节手把、盾形金属徽章、路易·威登的旅行箱锁,寇奇（Coach）的铜制栓锁等都是极具识别性的配件。(图4-75)

但在有些类别的箱包设计中则会弱化五金配件的对比效果，突出的是整体的统一性。比如在运动休闲包中，喜欢使用简单的尼龙材质配件，更强调的是它巧妙便捷的功能性和灵活的搭配性，光泽含蓄、形状简洁。而在采用棉麻布料的田园风格以及环保风格的休闲包设计中，则喜欢采用木质、绳索、纽扣、尼龙粘扣等，或直接采用面料连接，尽可能不用或少用五金配件，与随意的包体造型和柔和的面料相结合，来体现天然和绿色的设计理念。(图4-76)

图4-77 经典的大锁包

[链接]

法国品牌Chloe的经典包款——大锁包

2005年Chloe一举扬名的锁头包，巨大的锁头标记，不但成了品牌举足轻重的代表包款，从此，也为女性配件千篇一律的温柔、纤细的传统松绑，另辟一派新潮但不失古典的摩登新势力。即使因为加了锁头而增加了包的重量，但时髦的女性仍爱不释手。之后Chloe推出一系列包款，但是锁头都还保留，只是改变外观。如改以透明压克力材质，搭配金属锁链设计，晶莹剔透的压克力锁头，更予人惊喜的轻盈感。除了全透明，还有其他三种颜色的透明锁头，有了弹簧也不再需要钥匙。(图4-77)

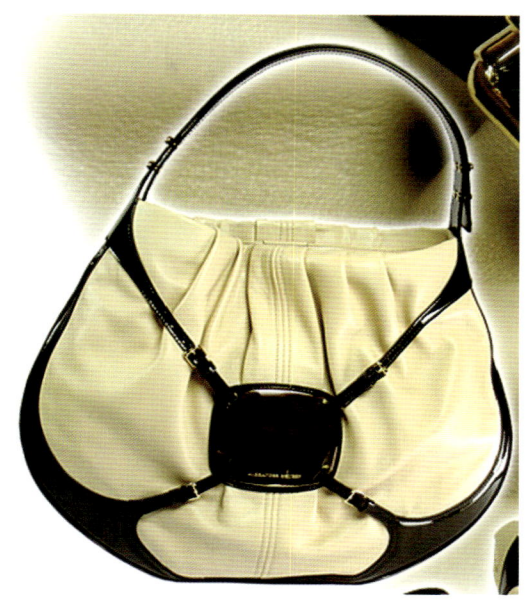

图4-78 细腻精致的设计成为亮点

图4-79 古奇著名的"G"字母商标

二、装饰细节的设计形式

装饰手段是为造型增加风格化特征和细节韵味的重要设计环节。也是近些年来时尚界非常盛行的设计手段。

1. 装饰小部件

在包体上还有很多细小的部件和变化形式，有的具有一些实际的功能兼具审美性，而更多的小部件原有的功能已经弱化或消失了，现在以审美性或标识性作用为主。主要包括标牌、包脚皮、袋口装饰边、固定五金扣环的皮条、拉链头装饰皮等等。由于不涉及结构、功能和大的风格定位，所以，可随设计师的巧妙心思和个性来较为随意地变幻形式，为消费者带来新颖细腻的审美享受。

固定五金扣环的皮条是一些琐碎的小部件，在很多包体上都是不可避免的。所以，如何处理好它的形式感是不可轻视的，否则就会造成零乱。同时，它也是设计师经常利用的一个设计点，如果处理好了就可以轻松地使一款平凡的包体获得新鲜和独到的气质。（图4-78）

标牌是一个起到标识性作用的部件，多采用金属或皮质精心设计和制作。这种形式最早大约出现于20世纪的70年代。1970年，古奇（Gucci）品牌开始将第一个字母"G"放到产品上，设计独特的字母完美地诠释了品牌所要传达的奢华和高贵气质，起到了宣传和装饰的双重作用。今天，标牌已经成为了箱包彰显品牌价值的重要手段，是包体上不可缺少的部件。（图4-79）不同的标牌设计代表着特定品牌的风格形象和文化内涵，还有时代的审美风尚。比如古奇的标牌一直都是华贵的金色，从1994年改为了银色，这是时尚风向从成熟人士转向年轻群体的一种反射。现在即使奢侈品牌的标牌也常常改为

图4-80 低调处理的商标

图4-81 反差鲜明的边骨勾画出包体轮廓

图4-82 白色明线具有很好的装饰效果

含蓄的皮质压印手法，并且也不都是炫耀性地居中，放在显眼夸张的位置，而是经常设置在边角、拉链头装饰皮条、金属环上等不起眼的位置上。其实这也是折射出当代审美趋势的一个侧面，即喜欢低调的奢华和舒适轻松的着装风格。(图4-80)

2. 缝纫形式及线迹

缝纫是现代多数包体成型的连接手段。同时，在表面形成的各种线迹形式也具有醒目的装饰效果。包体采用不同的结构来造型，各个部件之间的连接方式也会有所不同，会产生不同的线迹和面料边缘的处理方式。

箱包所采用的缝纫工艺主要有暗缝和明缝两种形式。暗缝是两个部件的面料正面相对，从背面缝纫，也称反车或埋反，从表面看不到线迹。但是很多时候会采用暗缝加边骨（也称牙子）的方法，即在两个部件之间加一条用面料包裹的橡胶线，可起到加固缝纫牢度和强调造型轮廓线的作用。如果采用不同颜色的面料则会起到更加醒目的装饰作用，(图4-81)

明缝则是两个部件的面料背面相对，从正面缝合。缝合后表面可以看到线迹，所以它就会成为一种装饰手段。一般来说可以采用变化缝纫线的粗细、数量和色彩来表现鲜明的装饰效果。(图4-82)另外，缝合部位边缘的处理方式也有一些变化，比如常见的有折边、刷边油、毛边这三种形式。折边后的边缘光滑挺括，显得做工精致、细腻；而毛边则突出一种自然、本色的感觉；刷边油则另有一种强调边线的意味。

还有一种手工皮具的缝纫方式，就是在边缘打孔，然后用皮绳连接部件成型。这是一种充满原始和自然气息的纯手工工艺手段。有时也会在机器缝纫之后再加上这种皮绳的穿插，起到修饰轮廓和突出产品风格的作用。

[链接]

古老的皮革雕刻艺术

手工皮革雕刻艺术是一门非常古老的手工技艺，在欧洲中世纪时期，就有利用皮革的延展性来做浮雕式图案，以应用在各种箱、盒、壁饰上的设计作品。在世界很多地方，主要是具有皮革鞣制和加工传统的国家和民族，都有自己独特的雕刻艺术形式。在近代，皮革鞣制技术主要源自欧洲，成熟的鞣革工业带动市场，使得欧洲的皮革雕刻技术更臻成熟。

手工雕刻是以旋转刻刀及各种印花工具，在皮革上刻画、敲击、推拉、挤压，做出各种表情、深浅、远近等细腻的表达效果及丰满的立体层次感。运用的雕刻技巧与竹雕、木雕等类似。所用的皮革都是较厚重的牛皮，从浅黄色到黑色。雕刻的内容多为唐草图案、花卉、动物、人像、自然风景、花纹边饰等等。在雕刻的基础上，还可运用其他一些皮革艺术，包括染色、缝纫、塑型、编结、电烙、贴剪等来进行更深一步的加工和美化。如多配合手工缝纫方法来形成立体型、粗犷、自然，有较强的手工质感。也可利用皮革的可

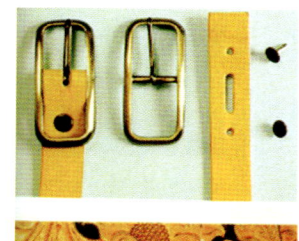

图4-83 手工雕刻图案的背包

图4-84 手绘装饰图案

塑性，将皮革在浸湿状态下用拉扯、捏、搓揉、挤压等手法塑成半立体或立体造型。（图4-83）

3. 其他装饰手段

还有很多纯粹意义上的装饰手段，如果在小面积范围运用，多会给人带来精致和设计感的印象，提高产品的品质。而如果在包体上做大面积的修饰和美化，则往往使产品设计风格更加强烈耀目，呈现出一种精美繁复的艺术美感。比如传统的刺绣、手工雕刻、编结、压印、镶嵌（亮片、珠子）、悬缀流苏饰物等。以及更多新的装饰方法，数码印刷、特殊效果印刷、手绘涂鸦、激光雕刻等。如数码可以将人物肖像、风景等高像素的数码照片印刷到面料上，产生逼真的图案；而激光雕刻皮革，可以得到不同层次变化的浮雕效果或镂空效果。（图4-84、图4-85）

三、局部与整体的关系

处理好部件与主体、局部与整体的关系是非常重要的。在部件的设计上，必须要考虑到功能与审美设计的有机融合。不管是多么创新的设计或者新奇的形式感，只有建立在良好使用性的基础上，才能最终成立并得到人们的喜爱。部件的设计也不能喧宾夺主，要根据不同的包体特点来决定部件的形式，还要在设计元素上有呼应和统一的体现。

箱包设计中装饰手段越来越丰富，对整体的修饰作用也越来越重要。这与当代装饰风盛行，以及箱包佩戴观念的变化有极大的关系。人们将箱包看做是一件时尚的点缀物，有时甚至把它作为一件大型的首饰一样来搭配。因此各种夸张醒目的装饰手段在近些年的流行潮中反复出现，不断升级。如各

图4-85 用金属钉装饰的款式

第四章 现代箱包设计元素的运用

77

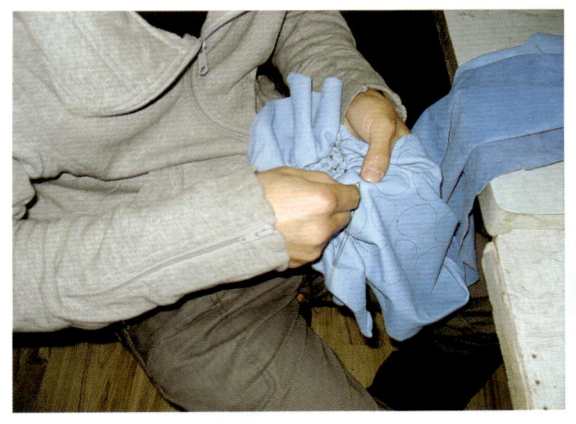

图4-86 制作立体装饰细节的过程和成品

种效果的褶皱、蕾丝花边、丝带花结等，每季都极力求新求异。当然，这是一种装饰至上的设计潮流倾向，代表了当代一部分消费群体的审美倾向。但如果只是为了获得夸张醒目的效果而盲目堆砌大量装饰手段，并没有与整体风格统一协调，就会显得喧宾夺主，格调粗劣。因此，在考虑采用何种装饰手段时，一定要服从于整体设计思想，找到恰当的方式、位置和表现力度，还要考虑到包体使用环境和目的的要求，不能让装饰成为累赘和障碍。

主题设计训练：

1.通过独特的细节设计来塑造出强烈的个性形象

细节的设计是设计师发挥自己个性和技巧的重要环节，所以，要在细节上精心钻研，找到自己擅长的技能，建立自己的风格。

学生一：纪林辉

这是一块柔和的湖蓝色绒面皮，质地轻薄柔软。我很想把它设计成一款优雅的手包。但是蓝色总是给人一种比较平凡和朴素的印象，而且绒面的光泽感黯淡。所以，我想为它添加一些细腻精致的东西，使色彩更加有层次，足以表达丰富的内容，但是还不能抹去它淡然幽静的气息。

设计首先应该是从改造手法出发。

经过多次尝试，买来的面料已经被消耗一大半！

确定了一种装饰的手法，用缝纫线固定，制造出一簇簇立体的小圆形体，以此为中心会形成放射性的折线。

终于看到一点满意的效果开始露头……

(图4-86)

学生二：蒋卓

光亮的浅褐色细条纹牛皮和黑色的羊皮放置在一起，产生一种奇妙的感觉，像是一幅山水卷轴的色调，遥远的，但是又是鲜亮的。于是我想表达出来它。

图4-87 打孔的制作过程及角花、流苏

但是只有这个隐约的感觉还不够,需要细节强调出更具象一点的味道。

买了黑色光亮的绳子,按照刚刚学会的手法编了一个中国结;

又买了窗帘上的穗子,将其剪短,与编好的中国结连接起来。

粗大的黑色橡胶链子穿入细细的皮条。

好像还是不够,缺少精致的线条和形象。

在四个包角加了像角花一样的装饰角,用心形和圆形小孔排列出细密的图案。

(图4-87、图4-88)

图4-88 最终的效果展示

思考题:

1. 同样以本章中第三节的设计训练主题创作一组包的作品,在真皮的表现效果上力求创新,挖掘出材质内在的魅力和新奇的表现力。

2. 在设计过程中,对于箱包的功能性和审美性的表现会产生各种矛盾和冲突,请分析在不同类别的产品设计中如何灵活把握二者的设计尺度。

3. 请联系现代时装款型从正统到休闲的发展轨迹来讨论当今软体的箱包造型成为主流的原因。

第五章
创意性的设计理念

找到自己感兴趣的素材进行研究是设计成功的关键，它可以激发你的灵感，产生独特的构思和理念。但是空洞的大脑自己是不会产生灵感的，需要积累多样化的知识，并将其融会贯通，同时善于发现细微之处，把握转瞬即逝的事物。只有这样，头脑才能进入到一个随时自如开启和吸纳的境地，才能感受到设计的灵感不断涌现。

本章所列举的创作构想和理念，是来自于对一些有一定代表性的优秀设计产品的分析。这些作品的创作思维自如活跃，灵感源泉广阔生动。希望借此能得到一些启示，为我们寻找灵感和进一步的创作提供一些可以借鉴的思路。

第一节 日常的发现与创意

我们在进行创作时总是不习惯在周围平凡的生活中寻找灵感。因为日常生活在我们的眼中是平淡而乏味的。当我们仅仅把它当作是一个简单的生存环境时，是不会想到从中去发掘新鲜的感受的。但是如果我们将设计与生活融为一体，做到设计即是生活，生活也是设计时就会发现，日常的生活中处处都有可以利用的设计元素，时时都能带给你不同的刺激感受。

一、建筑和产品的造型

建筑对于箱包设计的启发是很有效的，因为它们都具有三维空间的立体型，明确的几何形体，以及条理性的空间结构和明朗的线条。即使是建筑的门窗、拱檐等处的修饰也与包体的细节有相通之处。箱包就像是缩小的建筑

图5-1 Marc Jacobs 的手袋设计

图5-2 Chloe的鳄鱼皮手袋

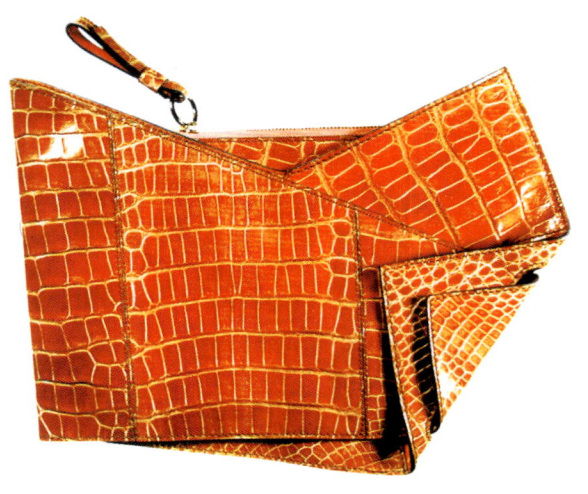

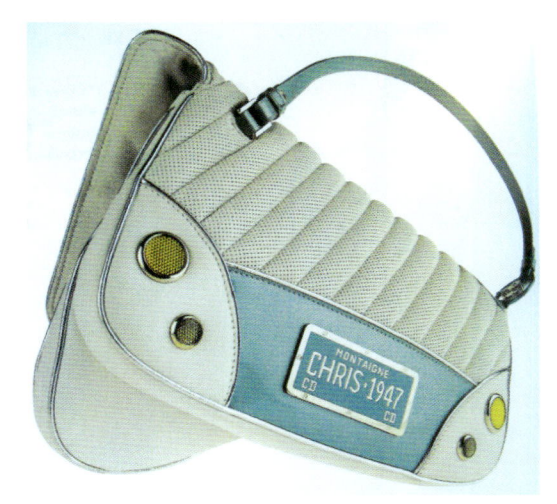

图5-3 John Galliano 设计的手袋

一样,是有空间、有内腔的立体造型。因此,从建筑中获取的主要是空间形态、结构、体面的转折和抽象的线条的启发。

图5-1,2008年英国设计师Marc Jacobs个人品牌的设计作品,包体只是很简单的圆角长方形,但是包身上的金属放射线装饰则显然融入了建筑风格的前卫气息,像是阳光照射在花岗岩墙面上产生的强烈的光影线条。

图5-2,2008年意大利品牌Chloe的鳄鱼皮手袋,包身虽然很薄,但是硬挺的线条充满力度,面的转折也干脆利落,配合质感强烈的方块形鳄鱼皮纹路,塑造出如建筑立面一样的坚硬造型。

除了建筑,还有我们生活中所使用的各种产品,包括汽车、家具、餐具器皿、数码产品、玩具、工艺品、首饰,甚至化妆发型、产品包装、展示形式、生活场景等等,如果我们能够怀着一颗好奇的心去关注它们,就会发现一些有趣的造型、结构、色彩组合、细节刻画,以及动态趋势等,进而在不断的研究中形成一些有用的独特的理念。

图5-3,2001年John Galliano为迪奥设计的手袋,灵感就源于汽车。设计师将汽车的前灯、车牌,以及皮革装饰的内饰等都运用在手袋的设计形式中。原汁原味的质感和形式与包体结合巧妙,展现了设计师幽默的天性和轻松的创意心态。

图5-4,2008年宝缇嘉(Bottega Veneta)的手袋设计还是有着品牌一贯的对面料的处理手法,但是却又不只是古老技法的简单延续,从折纸品的效果中获取灵感,运用规律的对称折叠手法,黑色加粗的边缘线条,强调了皮包表面独特的几何美感。并且折叠部分没有缝合,因而表面不会显得死板,多了几分灵活性。

图5-4 Bottega Veneta的手袋

二、社会热点的启示

社会总是在不断发展，新鲜的事物、观念、生活方式、热点话题等等，都会对人们生活的各个层面产生影响，有些还会通过服饰反射出来。关注热点，就能把握人们的思想动态和下一步的行动，为未来的设计找到新的出发点。社会热点必将带来新的挑战，旧的观念和产品就会出现危机，而这种危机意识就是灵感的来源。

比如20世纪80年代末开始，伴随着环境污染和物种的不断灭绝，生态保护和绿色设计思潮就开始萌芽。直至今日，绿色设计的概念已经成为设计运动中一股不可忽视的主流。生态型（或称环保型、安全型）产品将主宰未来的日常消费品市场。敏感的服饰企业和设计师都在很早就开始关注这种绿色运动的发展动态了，所以他们今天在绿色设计理念的建构和市场运作两个方面都走到了前端。如耐克(Nike)公司在2008年奥运会上免费发放的T恤衫就是利用5个500毫升的塑料可乐瓶回收的纤维，再加上一些棉纤维制成的。而公司预计在2009年春季的服装、鞋包类等产品中15%采用环保材料和生产技术。因此，早期的开发成本虽然极高，但是只有尽早投入，探求出一种新的设计理念和产品风格，才能在未来获得设计和技术的领导地位。

2007年英国箱包设计师安雅·希德玛芝(Anya Hindmarch)顺应绿色环保的社会需求，设计了"I'm Not A Plastic Bag"（我不是塑料袋）环保包款，它在伦敦时装周期间由名模携带亮相后，环保、时尚再加上限量，让它顿时炙手可热起来，成为新的"IT BAG"。（图5-5）这款"IT BAG"与之前那些以奢华漂亮著称的款式不同之处在于，它用超低的价格把环保的社会热点和时尚很好地结合起来，从社会责任的角度为"IT BAG"树立了一个新的健康形象，将环保这个很严肃的概念引入时尚的生活方式中。

图5-5 "I'm Not A Plastic Bag"（我不是塑料袋）

[专业知识]
皮革与绿色环保

皮革，在很多人的感觉中它是不环保的，是违反动物保护原则的，其实这是一种认识上的误区。首先，动物保护是针对稀有的野生动物进行保护的，而箱包、裘皮等商品流通环节中绝大部分的动物毛皮原料，都是来源于人工饲养的畜牧业，就如同饲养鸡、鸭、猪、羊一样。其次，皮革原料的化学成分组成是：水占64%，蛋白质占33%，脂肪占2%，无机盐占0.5%，色素及其他占0.5%。皮革产品在废弃后会腐烂、降解成这些成分回归自然。因此，可以说皮革完全是"纯天然"和环保的原料。

当然，在皮革原料加工的工序中会产生不利于环境和生态的物质，有代表性的有高硫化物、铵离子、铬鞣剂等化学品，以及有机溶剂、重金属等。这就使得皮革加工一直以来被划为污染行业。在新世纪的绿色潮流推动下，皮革原料制造业进行了很多的技术革新，其中关键在于生态皮革化学品的开发。所谓生态皮革化学品的概念，就是在研制开发时，从原料着手，采用高效的

图5-6 普拉达的蝴蝶结夹包

图5-7 芬迪的间谍包（SPY）

绿色化学反应，减少（最好是消除）有毒废物的排放，尽可能易操作，选取常压、低温的温和条件，提高主反应率，减少副产物生成量，最终使产品具有环保特性，吸收利用率高，可生物降解。

三、功用性的追求

在产品的实际使用中，功能的不足和缺憾也是一个激发创新的重要因素，尤其对于箱包来说，功能性的满足和完善是它的基本要求。正是由于人们对于功用性的不断完善和改进，才给我们的使用带来不同目的和需求下的最大舒适感。

在现代箱包发展过程中，以功用性为创新目的的设计比比皆是，比如我们熟悉的路易·威登的多数经典款式，都是针对当时陈旧的旅行用品的缺点来设计的，具有很明确的目的性，并因此开创了新的产品使用领域。

除了这些有着变革意义的重大创新之外，在平常的设计中，我们更需要的是对一些细节的观察和小小的改动。当你细心了解使用者的各种需求和不满意之后，就会为创作开启一扇灵感之门，为他们带来体贴的功能和惊喜的外观。2007年普拉达的蝴蝶结夹包，表面上超大的蝴蝶结既是一个装饰物，又是一个很好用的夹层，可以方便使用者伸手进去，携带起来非常便捷。这样就使得放大蝴蝶结的设计构思不是哗众取宠之举。(图5-6)芬迪在2007年秋冬设计的间谍包，最重要的设计特点是有多个巧妙的隐藏配件，比如隐藏镜面，可以不动声色的观察背后的情 ；贵重物品藏在包顶部扣环里的特制圆形暗袋，添加了许多贴心的巧妙设计与创意。(图5-7)

第五章　创意性的设计理念

83

图5-10 可灵活拆卸的手包

图5-8 20世纪70年代阿迪达斯（Adidas）推出的帆布运动背包

[链接]

运动包的兴起和发展

20世纪20年代，随着上流社会参加体育运动的第一次热潮的掀起，出现了很多种早期的运动包，如布料的抽带式软包、用橡胶制成的防水包等。但是由于当时参加体育活动的人还是少数，所以运动包还很少见。70年代，在西方兴起了大众健身运动，年轻人都热切地投入到了各种体育活动中，各种运动服饰品流行起来，运动包也很快成为实用的物品和地位的象征得到迅速的发展。并且按照不同的运动项目和场合来进行分类，出现了丰富多样的运动包，如通用性的单肩挎包、登山时的背囊、跑步和慢走时的腰包、自行车运动的臀包等等。运动包逐渐独立成一个完整的体系，并且成为年轻人喜爱的包型。而我们现在熟悉的耐克、阿迪达斯、彪马等运动品牌也是在70年代伴随大众体育运动的普及化成长为服饰名牌的。

现在，运动服饰已经形成了一个很大的产业群，运动品牌与流行结合得更加紧密了，成为年轻人最为热衷的时尚潮流。(图5-8、图5-9)

图5-9 Y-3的时尚运动背包

设计实例：

学生一：李德同

女式手包的设计，可拆卸的灵活结构，灵感来源于繁忙的职业女性，体现出一包多用、搭配不同场合的设计意图。(图5-10)

学生二：李京娟

灵感来源于现代都市中的摩天大楼和形如小方块的玻璃窗，还混合有欧洲教堂的花玻璃带来的绚丽感觉。(图5-11)

图5-11 来源于建筑灵感的设计

图5-12 Judith leiber 的金苹果形晚宴包

第二节 风情的体验和激发

我们生活的现代化都市，周围都是钢筋混凝土的人工环境，所以，向往大自然的优美、田园生活的宁静和遥远异域的风情，是现代人一个永远的情结。以此作为灵感来源的设计也总是能受到人们的喜爱。

一、对自然生态的模仿和抽象

自然界中的动植物、地理风貌、生态物象是我们取之不尽的创作源泉。尤其是偏重于美感体现的服饰品，更是经常要从自然界中获得启发，得到生动优美的形象。

自然界对于我们的启发首先是源于具象的形态和色彩，可以直接拿来或进行概括后运用在我们的设计中，如作为面料印花、纹样、配色、线形、产品造型等。这种直接的灵感启发在设计中经常使用到。美国著名的奢侈品包袋品牌朱迪思·雷伯（Judith leiber）的晚宴包就喜欢使用一些动植物造型来进行刻画。如图5-12，就是一款用宝石、水晶石等镶嵌的圆润精致的金苹果形晚宴手包。其次，通过对自然形象升华而来的印象或情感等，更能给设计师带来无尽的联想和自如发挥的空间，由此所演绎出来的抽象形态和单纯的线条形式，以及多元化的、混合的美感体验，也更加符合现代人的审美观。荷兰设计师Dana van der Bijl于2002年设计的手提包，包体造型简单，但表面处理则是采用黄色的尼龙小圆片一层层粘贴而成。细究肌理的原型应该是鱼鳞的排列，但是，显然设计者并不想刻意强调作品与鱼类的关系，而只是喜欢这种秩序的美感，想利用明亮而柔和的黄色和轻薄透光的材料，通过层叠的光影和丰富的肌理传达出了一种灿烂柔美的印象。（图5-13）

2008年伊夫·圣洛朗（Yves Saint Laurent）的拉链装饰手握包，多层弯曲的拉链强调出优美的线条，像大海的波浪，像起伏的山峦，还是像风吹麦浪……总之，不用去追寻灵感的具体起源，只要能够体会到这种曲线所带来的美感即可。（图5-14）

图5-13 荷兰设计师Dana van der Bijl的手包设计

图5-14 Yves Saint Laurent 的手握包

图5-15 手袋设计师安雅·希德玛芝（Anya Hindmarch）

[设计师介绍]
以环保手袋引人关注——英国手袋设计师安雅·希德玛芝（Anya Hindmarch）

因"I'm Not A Plastic Bag"而在全球获得极高知名度的安雅·希德玛芝(Anya Hindmarch)，其实在此之前就是英国设计师们公认最著名的手袋设计师了。她在2006年和2007年度获得《Glamour》杂志的年度设计师称号，2007年还获得British Fashion Awards颁发的年度设计师品牌头衔。1993年她就已经在伦敦开设了第一家专卖店。

今天的成就源于安雅·希德玛芝从小对手袋的爱好和痴迷，还是小姑娘时，她就尝试用纸制作手袋。第一次成功的设计是在中学毕业之后，她设计并制作的手袋大受欢迎，这促使她下定决心，放弃大学生涯，在18岁时正式开始了自己的手袋设计事业。安雅·希德玛芝设计的手袋等配饰既漂亮、好搭配，又时髦得恰到好处，不会过于张扬花哨。而且在功能设置上非常周到细致，背用起来又很舒适轻便。2001年她推出著名的Be A Bag，顾客可以把自己挑选的任何图片印在特制的帆布包上，每一个都是孤品。

在接受中国上海《外滩画报》的记者采访时，记者问道：你想过为什么你的品牌如此受欢迎的原因吗？安雅·希德玛芝回答："我不会用企业家的那套方法去分析这个问题。一个人必须听从自己的感觉。我从不做自己不喜欢的东西，所以我的品牌就完全是关于我自己……"。同时，她认为时尚领域和潮流对自己设计的影响是"几乎一点也不……你要做的其实就是了解你的顾客、你自己的喜好，以及你下一季的计划"。这种自信的回答似乎与我们期待的完全不同，因为在我们的认识中市场和潮流是被奉为上帝的。安雅·希德玛芝的回答当然首先源于一个已被社会承认的设计师的良好感觉和自信底气，但是，其实也是阐述了一个成熟的设计师如何应对自我和现实之间关系的本源，那就是要听从自己的声音，重视和挖掘自己的个性，不能畏惧展示自己。当你完全顺应市场时，市场也就抛弃了你。（图5-15）

二、来源于旅行的新奇

经常听到设计师们在发布会上说到自己这一季的灵感来源于去某地的旅行，可见，旅行是一个充满神奇力量的灵感来源地。对于普通人来说，旅行不过是放松身心的休闲活动，而对于设计师来说，就是寻找创作灵感、激活缪斯女神的最佳方式。因为面对瞬息万变的世界，如果只守在一个地方，每天面对相同的事物，即使是天才，也会有才思枯竭的时候。而异国异地总会带来激动人心的神秘，眼睛和心灵会不知疲倦地搜寻美丽新奇的事物，因此，灵感也就会如泉水般迸发出来。

很多经典的服装、服饰品追溯其设计源头，都往往离不开旅行的启发，甚至一些品牌的建立也源于旅行。比如以鞋类著称的瑞士品牌巴利(Bally)，它最初是一个制造丝带的家族企业。1851年其家族传人卡尔·兰斯·巴利（Carl Franz Bally）的一次巴黎旅行改变了家族的命运。他在巴黎街头被一双装饰独特的拖鞋深深地吸引了。这一瞬间，那双拖鞋像是一件艺术品一样激起了他对鞋的浓厚兴趣。于是回到家乡后他就开始了制鞋的事业。

所以，旅行并不见得就一定是远途的、花费巨大的郑重行程，或者完全是以寻找灵感为目的的，偶尔的外出、短途的休闲等都是很好的机会。只要是有异地、异物和异人的存在，就都具有刺激创作的可能性。现在很多人习惯依赖网络的搜索功能，异国风情尽可一览。从网上获得的资料虽然详尽，但多是客观平常的角度和别人的经历，并没有自己的观察和体验，所以只能提供一些资料补充，并不能激发出多少属于自己的激情。因为旅行的启发可以是任何一个细小的环节或瞬间的感触，可能是旅程中发生的小事或遇到的人带来的新奇感，而不一定是那些大家公认的美景和事物。所以，即使是已经成名的大设计师们，也不会只靠网络，最看重的还是自己的亲身体验。

图5-16，2007年比利时设计师Victoria Bartlett的皮质包边的帆布手袋，其不对称的外形和对比鲜明的线条形态像是冰川瀑布。这款包的灵感来源于她在冰岛的一次冰川旅行。而她本人喜爱的色彩组合也是黑白灰，于是她采用黑色的线条与白色的帆布对比，将自己对于冰川的强烈印象表达出来。

图5-17，2006年Dior的高卓牧人水洗皮包，灵感也来源于设计师John Galliano的阿根廷之旅。他无意中发现对于勇往直前的高卓牧人来说，马鞍是最好的战利品。他认为这跟女人与手袋的关系有相同之处。由此，他利用了马鞍的弧线设计出这款既有柔软皮革质感又有冒险气质的包。

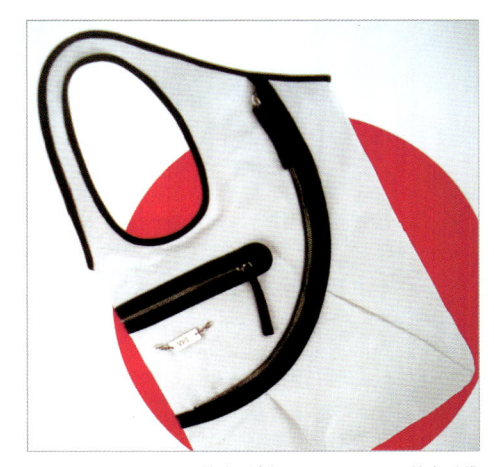

图5-16 比利时设计师Victoria Bartlett的布手袋

[品牌介绍]
法国贵族女性专属的奢侈皮具品牌——兰姿 Lancel

Lancel（兰姿）品牌诞生于1876年之初的法国巴黎，创始人阿尔方斯·兰姿（Alphonse Lancel）。Lancel品牌的开发重点主要集中在女性奢侈品领域，在近130年的发展过程中，一直致力于开发集美观与实用于一体的女式手袋，为女性打造适用于各种场合的实用美观的手袋用品，并展示出融合现代和古典的优雅风格。兰姿的旅行皮具系列设计也受到消费者的广泛喜爱，外观和功能设计并重，轻巧、耐用又独具现代感。

勇于运用崭新的材质是兰姿的独特之处，如率先选用尼龙和皮革混用制造手袋，使尼龙的色泽元素和皮革天然基调有机的结合在一起，优雅时尚，深受推崇，利用尼龙制作行李箱，使款式造型和色彩呈现更加多样化。在20世纪50年代，手袋的色调都比较深沉，兰姿在此时大胆推出了大量色彩鲜艳的手袋。60年代设计推出的简约优雅型肩袋特别适合现代都市中的年轻职业女性，具有全新的色调供消费者选择，一时成为年轻人的新宠。其经典的Elsa索绳袋，集中体现了巴黎人镇定自若和与生俱来的美。2007年，Lancel为Elsa重

图5-17 Dior的高卓牧人水洗皮包

图 5-18 兰姿经典Elsa索绳袋 　　图 5-19 以玫瑰花苞为灵感的拎包 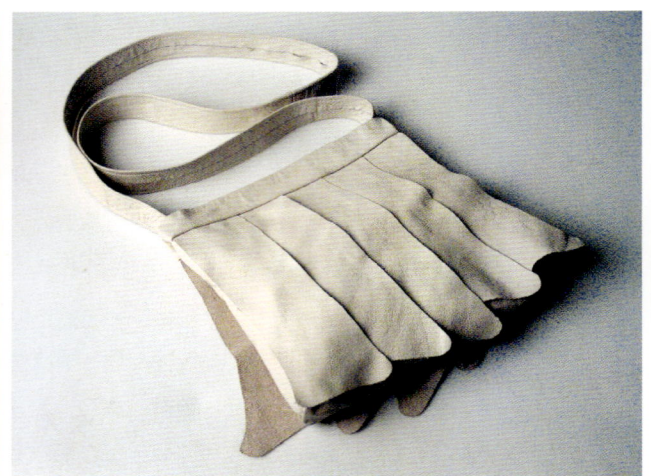　　图 5-20 有飘动感觉的背包

新设计，推出Elsa20th系列，成为Lancel品牌标志性的包袋。(图5-18)

设计实例：

学生一：王凤

灵感来源是玫瑰花层层包裹的花瓣。将柔软的线条变为直线和尖角，强调层叠交错的形式感。(图5-19)

学生二：王有利

灵感来源于风。包体表面独立的装饰条只在上边缝合，当背着它行走时，微风吹动会带来自然飘拂的动态。(图5-20)

第三节 奢华的美梦与想象

奢华永远是人类不可抵抗的一个梦幻。时至今日，其实应该这样去理解奢侈品：不是把最美、最稀有的东西堆砌在一起，而重点是传承人类在漫长历史中创造的文明并更加创造性地发挥它。这其中包含了艺术大师和能工巧匠的智慧辛勤与坚韧追求。因此，奢华应该是对于美的无限追求和精益求精的态度，而不只是针对奢侈品。以人类创造的最美好的东西为源泉，再经过设计师之手传达给所有人来欣赏和使用。

一、民族技艺和文化

愈是古老的传统技艺，愈能展现这个民族的伟大发展历程，聚集浓厚的文化气息和独特的艺术美感。所以，这些一代代传承下来的技艺，是我们设计灵感最不该忽视的发源地之一。我们所熟悉的很多欧洲知名皮具品牌，在最初创建时都是制作马具用品的。因此，在后来的皮具设计和制作中，很多灵感自然就来源于各种马具制作技艺的启发。如爱马仕(Hermes)的"马鞍针步"就源于缝制马具的精湛技术，一直以来这种手工缝纫方法就是品牌独特的风格要素之一。

近些年来时尚界民族风格不断演化翻新，也包含了很多民族的古老文化精华。各个民族绚烂多样的制作技法、面料材质、织造技法、装饰手段等等，都是取之不尽的设计元素和表现手段。

2002年西班牙设计师设计的一款度假包，(图5-21)草编的包体上装饰了

图5-21 西班牙设计师设计的度假包

图5-22 非洲风情的水饺包

各种色彩绚丽的饰品，有晶石、珠片，还有用毛线编结的火热的花边，具有强烈的异国情调。

图5-22和图5-23，法国LONGCHAMP（珑骧）在原来简洁休闲的水饺包基础上，借鉴了多个民族的审美形式和传统手工技法，塑造出极富民族文化风情的效果。

图5-24，看到流苏，就会自然地联想起印第安部落，流苏的披肩和披毯。此款设计也透露出流苏这种形式所具有的浪漫和个性，但是流苏条更宽、更稀疏一些，也像是借鉴了流苏披肩的形式，体现出一种更为现代和神秘的感觉。原始而神秘的游牧民族所独有的服饰技艺经常成为设计师的灵感来源。

图5-23 Kenzo（高田贤三）的钱包款式

[链接]
寓意美好的中国古代荷包

荷包，也称为香囊、佩囊、香包等，是中国古代服饰历史中最富有民族文化和审美特性的一种箱包形式，并且种类、款式变化最多。在装饰上充分运用了各种传统民族工艺，如刺绣、拼镶、缝坠、编结等技法。荷包不仅具有独特的审美性，最独特的艺术价值是还在于它可传达出很多深层的象征意义。多采用联想象征、谐音寓意等艺术表现手法，使图案形象和制作者的祈愿在内容与形式上完美结合。通过它能够表达出在人们心中共通的、特定的寓意和象征意义。在这小小的荷包上，集中表现了中华民族的审美创造力、精湛的手工技艺、丰富的生活情趣和对美好事物的热切追求，展现出传统的文化特性和民族审美趣味。

图5-24 2009年 Anteprima 的黑色流苏手袋

图5-25 凤凰于飞双面荷包

图5-26 几何构成风格的手包

图5-27 2000年芬迪（Fendi）的晚装包

图5-25，刺绣"凤凰于飞"于前面的包盖，"因荷得偶"于后面的包盖。荷包前面的辅助图案为秋虫图，后面的为消夏图。古代民间将夫妻和谐，生活美满称为"凤凰于飞"，典出《左传》，故事曰"初，懿氏卜妻敬仲。其妻占之曰：吉。是谓凤凰于飞，和鸣锵锵。"注云："雌雄俱飞，相和而鸣锵锵然，尤敬仲夫妻相适齐，有声誉。""因荷得偶"的主体纹样为莲花，莲为花中君子，"八吉祥"之一；与其他植物不同的是花与果实同时生长；意寓"早生贵子"，而"藕"与"偶"同音，表示天赐良缘。

二、对艺术品的审美体验

艺术熏陶和鉴赏能够使我们体验到心灵最深处的灵魂触动，继而引发的设计冲动也是最能打动人的。所以，优秀的设计师往往也是艺术修养极高的人，热爱艺术，也用自己的设计表达艺术的美感。各种艺术形式，绘画、雕塑、摄影、音乐、舞蹈、戏剧、书法等等，都有着自己独特的表现语言、手段和方式。如绘画的色块与线条、雕塑的空间与造型、音乐的节奏与韵律等等都能启迪我们的感官和心灵。

图5-26，20世纪80年代的一款信封式手包，由红、白和蓝色几何图案构成的包面，具有明显的几何构成风格。其设计灵感也许就是受到了20年代早期抽象派艺术作品的启发。

图5-27，其设计灵感来源于20世纪的60年代的光效应迷幻图案。利用圆形图案的渐变使实际上平整的包体中部产生了强烈的突出感觉，在华丽中带有一丝幽默感。

图5-28，2008年普拉达印制精灵图案的仙女包，轻盈的白描勾线、花丛中的小精灵、大胆随意的染色，充满20世纪初盛行的新艺术风格。

艺术和艺术作品一直以来都充当设计的精神引导者，而且现在有越演越烈的发展趋势，艺术家与时尚品牌的频繁合作与跨界、艺术风格在服饰品中的直接搬用和演绎等现象层出不穷。再如手绘插画、印象派泼溅的色彩、几何形拼接、野兽派的绘画风格等等，都已经被运用在包体的设计中了。造成这种现象的主要原因之一，应该是艺术能够给人们带来纯粹的美感体验，具有无功利的审美特质。因而，能为今天被市场和流行等商业因素束缚的产品增添一份清新的活力和独有的气质，在一定程度上使其摆脱了俗套，对消费者产生了新的吸引力。（图5-29）

图5-28 普拉达的仙女包

图5-29 插画风格图案的款式设计

[链接]
19世纪末期的"新艺术"风格（Art Nouveau）

　　从1895～1905年，新艺术运动盛行世界。特点是弯曲、自然主义的风格，喜欢运用植物、昆虫、女人体和象征主义。它把感觉引入了设计，并经常运用明显的性感形象。法国珠宝设计师勒内·拉里克是最具代表性的人物。他的作品是娇柔豪华的法国新艺术风格的最好见证。他大量运用来自自然的图案装饰，其中植物和昆虫图案最为常见，并且被处理成怪异的形式。此外，他对材料的选择也极富想象力，包括仿宝石、彩金、搪瓷、不规则珍珠和半透明角。女人体是拉里克设计中爱用的另一个主题。珠宝上的女人体刻画细腻，栩栩如生。新艺术运动虽然也反对过度的装饰，但它更多地关注风格的问题，没有针对整个社会的需求有效地解决工业化生产中的设计问题，只是提倡手工生产方式为少数的权贵阶层服务，所以，它是一次不成功的设计改革运动，但是它造就的形式美感却独具特色，因而成为后人不断借鉴和摄取的灵感源泉。（图5-30、图5-31）

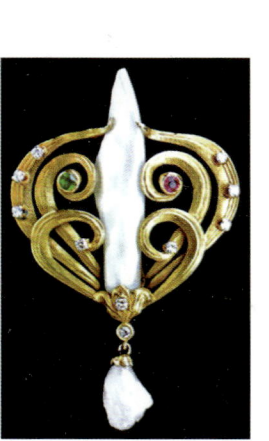

图5-30 新艺术主义风格的绘画

图5-31 法国珠宝设计师勒内·拉里克的代表作

第五章 创意性的设计理念

91

图5-32 2002年夏奈尔2.55纪念版

图5-33 侦探包

三、对服装的欣赏和借鉴

服装与箱包的关系是最为密切的，箱包曾经就是服装的一个附属部分。两者在工艺制作、材料选用、结构裁剪等方面有很多相同的地方。因此，箱包设计对于服装的欣赏和借鉴是最自然不过的了。

比如我们熟知的夏奈尔"2.55"包著名的菱形衍缝形式，据说来源于竞技场上小伙子身穿的衍缝夹克衫。而今天，这种衍缝夹克衫的时尚地位却远远不如一款小小的衍缝手包。2002年，为了回顾夏奈尔的女装设计成就，推出了一款"2.55"的新包设计，包面上采用她最经典的女式套装的领口形式。(图5-32)

图5-33，2007年让·保罗·戈蒂耶（Jean Paul Gaultier）设计的"Le Prive"包，这是一个侦探包的概念，以侦探的经典风衣造型为灵感。风衣的肩章和腰带这两个最有特点的造型形式，被原样搬到了包体上，并作为重点强调，因而非常别致生动，而且还特意制作了一款风衣专用面料的包体。

图5-34，2006年范思哲（Versace）的休闲包，包型非常简单，亮点是袋口处那条随意穿插的色彩亮丽的丝巾，使人不由得联想到一幅画面：一位身着浅色风衣的女性，大衣领口系着一条丝巾，轻柔优雅。这条丝巾的借用显示了设计师对于服装形象和气质塑造的准确把握。

图5-34 范思哲（Versace）的休闲包

图5-35 以自然的形态为特点的一组设计

图5-36 色调和形式含蓄的一组设计

图5-37 淡雅清新的一组设计

设计实例：

这是一组以中国古代荷包为灵感来源的设计图，是皮革设计专业学生的设计习作。

荷包的艺术价值主要体现在丰富的装饰形式和内涵寓意两个方面，是中国传统文化和艺术的集中体现。当我们在课堂上欣赏了很多古代的荷包之后，不禁被那些细腻精美的形式和精神所震惊。那么，曾经如此美丽的荷包，在完全物是人非的今天，对于我们还具有意义吗？总之，无论从哪个角度出发，怀有怎样的心态，希望大家可以仔细体会一下，从中挖掘一些有价值的东西。(图5-35~图3-37)

图 5-38　镶满水晶的晚装手包

图 5-39　Stella Mccartney 的木箱

图 5-40　复古风格的拎包

第四节　复古的演绎与颠覆

当一个时代距离我们很遥远之后，重新翻阅它时，会产生一股难舍的情怀，或者会变得更有新意。但是，无论是对于设计师还是对使用者来说，无论是为了重温昔日情怀的复古还是为了获得新鲜感觉的复古，都不是要完全翻印过去。

一、对怀旧情怀的叙述

很多时候，对于复古的迷恋和喜爱是源自于我们无意间发现的一些过去的东西。比如一件古老的衣饰、一个复杂的花纹、一个残缺的瓷器、一组典雅的配色、一个遥远的形象等等，它们往往超越你的想象力和审美经验，会引起你无限美好的遐想。当你想要在现实生活中重温一下过去的情怀时，就会激发起一种创作的冲动。

图5-38，朱迪思·雷伯（Judith Leiber）的晚宴包，用水晶等珠宝镶嵌，具有完美华贵的复古风格。

图5-39，2008年Stella Mccartney 的木箱，就像古老的木质衣箱的缩小版，灵感也许来源于童话故事中的百宝箱、老祖母的嫁妆箱……实木质感的硬朗箱体，传统的黄金镶边和包角，是典型的复古元素。清晰可见的树木年轮和原始色泽，让人好似觉得树木香气犹在，具有贵族般的奢华气质。

图5-40，2001年荷兰设计师Petra Reuvers设计的金属框架口拎包，包体外部是黑色的磨砂皮革，较为普通，但是打开框架口后，呈现出四幅19世纪的黑白照片。古老的照片色调陈旧，人物形象凝重，打开包体就像是打开了一段尘封的历史记忆。

图 5-41 迪奥的 Jeanne 包

图 5-42 迪奥的 D' Trick 包

二、对经典的解构和诠释

从已经形成的经典产品、艺术形式、审美趣味、形象风格、搭配方式，甚至相关人物、传奇故事等方面来入手进行研究，体会它最具有生命力的核心价值，从而获得灵感。

图 5-41，2007 年 Dior 的 Jeanne 包，灵感来源于 Luc Besson 饰演的《圣女贞德》和文艺复兴艺术，将这些多重繁复的元素解构并重组。外观最显著的是层层铠甲一般的立体结构，用金属铆钉与主体固定。前面的搭袢上以多条金属链子并列，效果非常粗犷突出，是比较少见的装饰手法。再加上粗犷的皮绳捆边，显示出一种女包中很少表达的英武之气。

图 5-42，2004 年 Dior 的 D' Trick 系列，设计师 John Gallano 的灵感来源于 20 世纪早期德国著名的电影演员 Marlene Dietrich 复杂的个性和银幕上经典的女装和男装形象。包身由斜裁丝绸拼接，包链由珍珠串接，非常女性化。但是边缘用带锯齿花边的白色钻孔皮装饰边，像男装中最为独特的镂花拼色皮鞋，形成了柔与刚的对比效果。

三、对经典的颠覆和重建

在当今复古风盛行的趋势下，经典成为经常被设计师信手拈来的创作源泉。比如一些大品牌就喜欢翻新过去的经典产品，不断修改尺寸、材质、色彩、装饰手段等来获取新的形象。这其实更多的是一种商业行为或品牌经营策略，与创新性思维并没有太大关系。当然，其中也不乏让人惊喜的亮点闪现，有设计师个人的意志体现。在 07 秋冬的爱马仕女装系列中，招牌的凯莉包经过设计师让·保罗·戈蒂耶（Jean Paul Gaultie）的大胆颠覆，从高贵单调的形象演化成了保暖的护手套！折叠的皮革内敷满一层厚软细茸的白色羔羊毛，外形就像迷你凯丽包，令人不禁为大师的幽默心思感到钦佩。（图 5-

图5-43 2007年爱马仕凯莉包

图5-44 背带设计巧妙的包

图5-45 巴黎世家（Balenciaga）最初的机车包

43)这种颠覆性的改变来源于戈蒂耶敢于打破一切的设计理念。

除了形式的破坏和颠覆之外，对于内在观念的颠覆更为重要。1995年，普拉达推出了透明的全暴露式包，一举获得了新的时尚地位。这种简单的小方包没有任何装饰细节，只印着品牌的名称，而内部放的任何物件都可被看得清清楚楚，它彻底颠覆了人们对于包的封闭性的认识。当时的现代年轻人，迫切需要一个自由展现出自己个性的社会环境，因此，他们完全可以接受这个不私密的透明物件，露出自己随身物品也没有什么，反而还是一种展示自我的机会。

图5-44，这款包的设计，将人们头脑中的背带形式，以及背带与包体的关系进行了颠覆和重建，赋予它们一种新的可能性和形象关系。设计师思路明确，结构巧妙。而这种可隐藏于包体上的背带也可能就成为今后的新形象。

因此，从设计师的创作角度来说，对于经典的处理态度就应该像戈蒂耶一样，是"破坏"处理，而不是锦上添花。这种颠覆并不是刻意的搞怪，而是意在将人们被固化的审美定式打破，带来更多、更新的审美视角。只有打破旧的经典，才能获得质的超越，创造出新的经典。

[链接]

法国巴黎世家（Balenciaga）的经典包款——机车包（Motorcycle Bag）

机车包最早兴起于五六十年代的美国，在庞克风潮席卷全球的时候，美国机车骑士的女友们都喜欢挎一个包，起名之原由是因为骑机车时也能单手开启。而成为时髦款型被名流追捧，则源于法国老牌子Balenciaga（巴黎世家）在2000年重出江湖时一炮而红的经典演绎。这款外形中性、实用的提包，有别于淑女包，设计出狂放、率性的街头摇滚味。独特的皮革长须、车线、金属扣环、拉链以及手工鞣制过的皮革痕迹都是机车包的重要的特征。(图5-45)

图5-46 具有男性气概的华丽风格

图5-47 具有女性气质的柔美风格

设计实例:

对经典的追思,对复古的诠释,一定会反射设计师个人的审美和观念,即使是面对同一个特定时期、特定地域的服饰艺术。

学生一:蒋跃

灵感来源于19世纪初的帝政时代极富浪漫主义色彩的军装。奢华的丝绒,代表权利的奖章,金色的流苏,闪光灯宝石与铆钉,黑色的法国礼帽等,这一切都是旧时代的辉煌,可是它太耀眼了,就像拿破仑的一生,辉煌而短暂。(图5-46)

学生二:蒋卓

灵感来源于19世纪拿破仑帝政时代的复古罗马风。高腰长裙,橄榄枝王冠,尊贵的紫色丝绒,金色的时代。(图5-47)

图5-48 钩织小拎包

图5-49 印有人脸的拎包

图5-50 视觉效果强烈的手包

第五节 年轻的摩登与反叛

年轻这个词,在时尚设计领域中已经不是一个年龄的概念,而是一个心态的概念。可以是年纪很轻,心态却保守陈旧,也可以是年纪很大,但心态活跃年轻。当你总是保持着年轻时的好奇、冲动和勇于挑战一切的精神时,就会发现设计灵感会不断涌现,四周充满机会和挑战。

一、幽默的、卡通的

以年轻的心态看待事物时,会从平常中感受到快乐,从严肃中看到活泼的气息,还会将正统的转化为幽默。这种灵感的启迪往往会制造出出人意料的设计效果,带给人们愉悦的美感,或利用轻松的形式折射一些深刻的寓意。

图5-48,设计于1950年至1960年之间的小拎包,采用钩针的技法表现出女性行走中的情景:红色的裙摆,黑色的高跟鞋和急促的脚步。设计师截取了人们不注意的角度,表达得生动形象。

图5-49,这是一款造型简单的普遍拎包,但是在提手处设计了一块类似眼镜形状的镂空地带,并且在包面上印制了人脸的下半部分和身体,当模特把自己的脸透过镂空处露出来时,效果非常奇妙有趣。

图5-50,2001年设计师让·保罗·戈蒂耶(Jean Paul Gaultie)设计的一款手包,灵感来源于女性的手与手包的关系。构思大胆,效果强烈,既有惊颤的视觉冲击,又带有一丝滑稽。

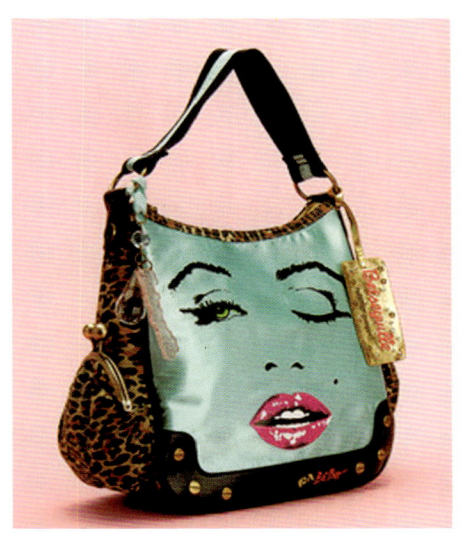

图5-51 贝齐城（Betseyville）拎包 　　　　　　　　　图5-52 色彩淡雅的Mimo背包

[链接]

当代年轻女性喜爱的大众品牌箱包

年轻女性无疑是当代时尚消费市场中一个重要的群体。她们喜欢新奇的流行饰品和多变的时尚风格。但是由于购买力不足，因此，那些设计完美奢华的大品牌显然不是她们所能承受的。因此，出现了很多专门针对少女消费群体的生活场景、购买特点及审美趣味开发的箱包品牌。下面几个就是在国外比较成功的品牌，价格适中，搭配性好，外观靓丽，趣味生动，充满少女的可爱和流行气息是其共同的特点。

美国品牌贝齐城（Betseyville）系列设计很符合小女生的审美特点，款型均为比较基本的造型，但是包体上装饰了大量的水晶，布满花朵、骷髅头、小动物印花等图案。（图5-51）

图5-53 Mimo包的印花图案

日本手袋品牌Garcia Marquez Gauche Inc旗下的Mimo系列线，以实用设计和花样款式取悦日本少女们。延续品牌"温柔拥抱"和"可爱"的创作理念，运用大胆的色彩设计，以卡通造型的斗牛犬作为主要图案。（图5-52、图5-53）

原宿情人（Harajuku Lovers），美国流行歌手格温·史蒂芬尼（Gwen Stefani）自创的时尚品牌。灵感源自1996年她到日本的一次旅行，她被日本原宿年轻人那自由表达、标榜个性的魅力所震撼。设计风格充满了日本"卡哇伊"元素。（图5-54、图5-55）

Paul Frank（大嘴猴）品牌，1995年末，由加州一个书报摊小职员Paul Frank创建。品牌源于他亲自制作的一个皮夹，上面印着由20世纪50年代的刻印书里演变而来的一只名叫"Julius"的大嘴猴。具有魅力超群的原创设计，明快活泼的色彩、聚乙烯树脂布料，给人带来独特的年轻时尚感觉。（图5-56、图5-57）

图5-54 原宿情人休闲包

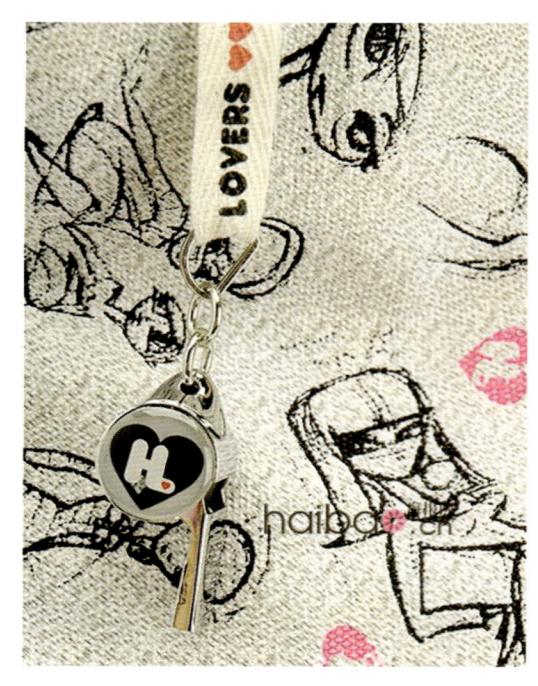

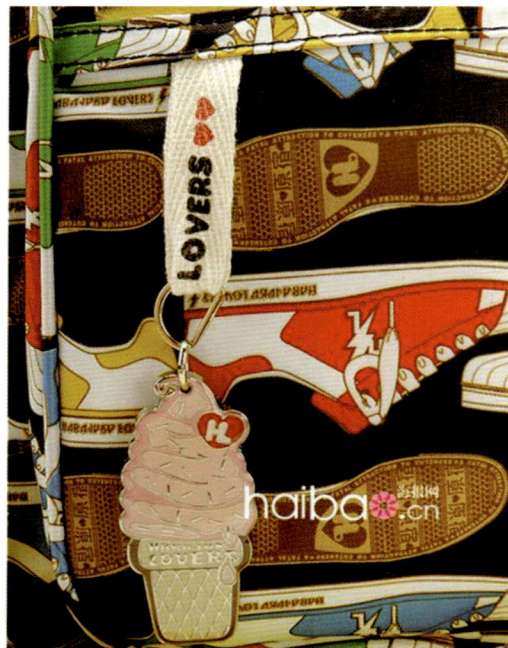

图5-55 原宿情人包的印花图案

图5-56 可爱的大嘴猴品牌形象

图5-57 大嘴猴包的印花图案

二、带点不完美

以完美与和谐作为审美标准是代表社会主流的观念。但是并不是把所有缺陷都转化为标准的美才是唯一的,还可以发现其内部隐藏的审美特质和价值观。保留一点丑的细节、夸张比例、打破稳定等等,是当代年轻人喜欢的以不完美为美的审美趣味,比如深受年轻人喜爱的邋遢文化。

图5-58,背包的面料混合了各种包装袋和包装纸。这种廉价的和不寻常的材质在多数人眼里是毫无美感和价值可言的,但是年轻人会被吸引,看似零乱的拼接,实际上表达了他们无拘无束的生活状态和反叛主流审美的心态。

图5-59,2007年Marni春夏的超大拎包,虽然相比之下形式较之前面例子精致一些,但是设计理念也如出一辙,以超大和松垮的造型为美。

图 5-58 休闲背包

[链接]

20世纪70年代年轻人喜欢的千奇百怪的款式

20世纪的70年代,由于年轻消费群体对于主流审美意识的反叛,涌现出了多种千奇百怪的箱包款式。年轻人不会去选择一款做工精致的、古典风格的优质拎包,而更喜欢携带一些看似设计随意、搭配奇怪的廉价箱包。一定要拥有一只"好包"的保守观念变得不再重要了,年轻人的流行时尚占据了主导地位。如拼缝式的设计,用斜纹粗布拼接的,用毛皮同翻皮、光皮和絮料拼接的,或者用不同颜色皮革拼接的,还有民族式样的包袋,扎染、刺绣、编织或钩编的斜挎的、大的软包袋;还流行背挎弹药筒、照相机盒、邮件袋帆布包等等。男女通用、少数民族化、新式罗曼蒂克和休闲的式样都在这十年间涌现出来。(图5-60)

图 5-59 Marni 的超大拎包

图 5-60 各种材质和形式的包袋

三、挑战平凡和规范

20世纪60年代的年轻人制造的文化现象，造就了之后一系列的前卫思潮，如朋克、嬉皮士、贫乏主义等等。他们最核心的思想就是挑战社会规范，不要平凡和经典，不断尝试建立新的价值体系。

图5-61，1950年Walkfort alligator设计的手提包，采用巨大的安全别针作为包的提手，而包体又是一个很经典和保守的款式。两者之间充满矛盾和冲突，表达了一种反抗的情绪。

图5-62，英国设计师安雅·希德玛芝（Anya Hindmarch）的照片印制系列之一，将顶级性感内衣品牌Agent Provocateur的广告照片印在手袋上，性感张扬，挑战使用者的心理承受力。

图5-63，年轻人喜欢的新潮包型，款式并不奇物，但是尺寸却超乎寻常地扩大，感觉与人体的比例完全不协调，并且具有极强的视觉冲击感和大胆肆意的设计思维。

图5-61 安全别针手提包

图5-62 印制照片的尼龙包

图5-63 超大尺寸的包

图 5-64 黑眼睛布包

[品牌介绍]

中国第一个休闲布包名牌——黑眼睛

1998年6月18日，黑眼睛服饰有限公司在福建厦门创立。它是一家专业从事休闲布包及其配套服饰设计、制造、营销的现代化品牌营销型企业。品牌的目标消费群为18～30岁年轻时尚女性。产品以休闲布包为主，其主要产品有时装包、旅行箱、购物袋、钱包，并发展了网络统一的配套服装、饰品。

"黑眼睛"的创作灵感源自中国著名诗人顾城的诗句："黑夜给了我一双黑色的眼睛，我却用她寻找光明。"从这一点可以看出，创建者在品牌建立之时确立的就是原创设计，是以建设世界品牌为目标的。产品注重浪漫、时尚、自然、随意、富有内涵的特色。而且价格定位大众化，受到广大年轻消费者的青睐。在国际大牌箱包云集的国内市场，"黑眼睛"凭借自身优势占有了一定的市场，引领中国市场休闲布包的消费潮流。因此也可以说，到目前为止，黑眼睛应该是中国自主箱包品牌中鲜有的、具备原创精神、清晰的市场定位、独立的品牌形象和文化内涵的成功者。虽然它还远远不能与国外的大牌相提并论，但是如果继续发展下去，也许真会成为国际知名品牌。

但是2007年"黑眼睛"被一家外贸服装公司收购之后，就减少了生产环节上的投入，把精力放在了打造品牌上。但适得其反，由于产品更新速度放缓，品牌影响力反而下降，再加上其他种种原因，2009年初这个刚刚辉煌不久的国产服饰品牌就被迫倒闭了。让人扼腕叹息。但是我们要从中总结经验和吸取教训，那就是品牌的建设不能脱离产品和创新，不能为了短期利益而放弃坚持和信念。（图5-64）

图5-65 由包袱皮启发的设计

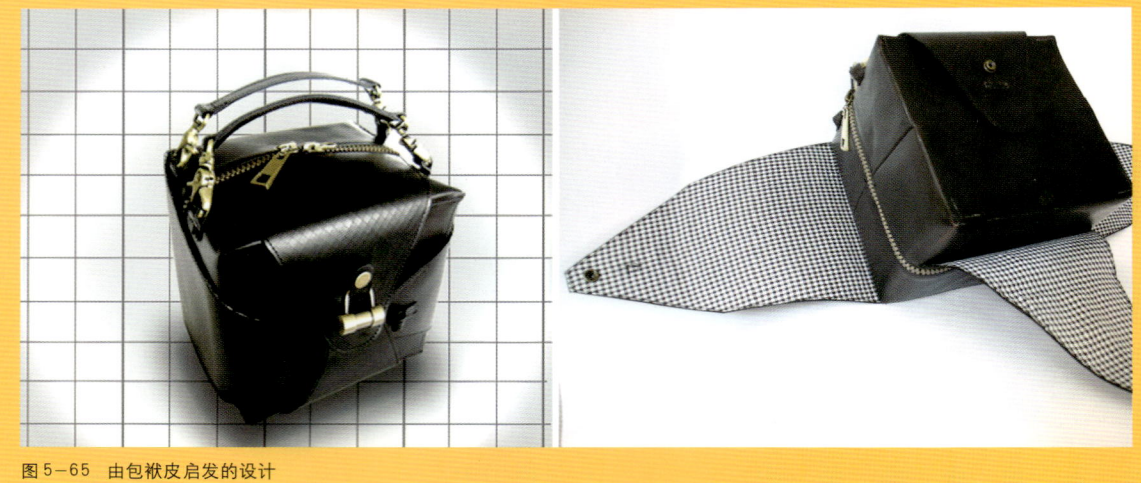

图5-66 青蛙型背包

设计实例：

学生一：姜宁

灵感来源于古代的包袱皮。四方的布料扎两次简单的结就可以盛放物品。（图5-65）

学生二：赵赛

灵感来源于青蛙。在别人眼里怪异丑陋的青蛙，在她看来却是可爱的、造型富有趣味和特点的。最初的构思是全部利用透明的材质来制作，突出其圆滑的线条。但是经过我和她的多次交流后，认为不必过于追求自然形态的塑造，将其特征转换为箱包的结构线来表现更有意味。（图5-66）

> **思考题：**
> 1. 为什么说始终保持开放的、无拘束的思想是获得灵感的前提条件？
> 2. 如何理解纯粹为了创新而导致的怪诞和杂乱无章的设计没有任何意义和正面效果？
> 3. 环保成为当今设计新主题，环保的箱包设计也不断涌现，请搜集国内外环保设计的实例，分析其内在的设计理念，并从自己对环保的理解角度进行创作探索。

后记

着重论述和关注现代箱包艺术设计的书籍和专业教材在国内外都是非常少的。大概因为它一向被看作是一个小小的实用部件的缘故。但是，在当代的实际生活中，箱包实际上是一个庞大的产品体系，种类繁多、形式多变，同时又在时尚风潮中扮演着不可缺少的先锋角色。就其设计的内涵来说虽然不及服装的深奥和复杂，但也不是与艺术和文化关系淡薄的纯实用品，它有着自己的审美风格和内在规律。尤其是设计思维最为随性自如，表现手段丰富多样，具有非常广阔的设计发挥空间。

本书的成稿将我之前的设计工作经验、教学实践及对箱包设计的思考做了一个完整的梳理，虽然还有很多不尽详细和完善之处，但是我自认为最为重要的观念和内容已经得到了阐明和体现。我想，读过此书之后，如果大家能够对于箱包这种服饰品有一个全新的认识，并从设计思维和观念上有所提升的话，就达到了我的写作目标。

在这里我首先要感谢袁仄老师。在写作过程中，袁老师在很多方面都给了我关键的提示，使得这本书的写作思路更为开阔，立意更加高远。

书中借用了很多图片，是一些国外历史上的箱包珍品和优秀的设计师作品，为本书的写作增添了不少光彩。它们分别来自于荷兰阿姆斯特丹的Hendrikje箱包博物馆、Anna Johnson、Judith Miller编写的书籍中。在此表示感谢。

书中还使用了很多北京服装学院皮革艺术设计专业各届学生的设计习作。因为有些是比较早的作品，不能一一记起他们的名字了，在此也一并表示感谢！也希望他们都在自己的设计事业中取得优异的成果！

李雪梅
2009年4月于北京

图书在版编目（CIP）数据

现代箱包设计／李雪梅编著．－重庆：西南师范大学出版社，2009.6(2020.1重印)
ISBN 978-7-5621-4483-0
Ⅰ.现… Ⅱ.李… Ⅲ.箱包－设计－高等学校－教材 Ⅳ.TS563.4

中国版本图书馆 CIP 数据核字（2009）第 069862 号

中国高等教育服装服饰教学创新丛书
主编：袁仄

现代箱包设计

李雪梅　编著
责 任 编 辑：叶晓丽　王正端
整 体 设 计：王黎黎　王正端

西南师范大学出版社（出版发行）

地　　　址：重庆市北碚区天生路 2 号	邮政编码：400715
本社网址：http://www.xscbs.com	电　　话：(023) 68860895
网上书店：http://xnsfdxcbs.tmall.com	传　　真：(023) 68208984

经　　　销：新华书店
排　　　版：点划设计工作室
制　　　版：重庆海阔特数码分色彩印有限公司
印　　　刷：重庆长虹印务有限公司
开　　　本：889mm×1194mm　1/16
印　　　张：7
字　　　数：180 千字
版　　　次：2009 年 9 月 第 1 版
印　　　次：2020 年 1 月 第 3 次印刷
ISBN 978-7-5621-4483-0
定　　　价：42.00 元

本书如有印装质量问题，请与我社读者服务部联系更换。读者服务部电话：(023)68252507
市场营销部电话：(023)68868624　68253705

西南师范大学出版社美术分社欢迎赐稿。
美术分社电话：(023)68254657　68254107